日産V型6気筒エンジンの進化

石田宜之

グランプリ出版

はじめに

　本書の初版を上梓したのは2008年のことである。それ以降もVQエンジンファミリーは着実に進歩をし続けており、折しも日産自動車が2023年に創立90周年を迎えるにあたり、現時点で、その進歩の状況を振り返ってまとめておくのも意味のあることだと思い、増補新訂版を刊行するに至った。

　1970年代から始まった自動車のFF化にともない、V型6気筒エンジンが直列6気筒エンジンを押しのけてミドルクラスのエンジンとしてすっかり定着してきた。日産は比較的早くV型6気筒エンジンの開発に着手しており、1983年に市場に投入してから約40年が経過している。この間に初代のV型6気筒エンジンであるVG型からVQ型、VQHR型、そしてVR30DDTTへと進化の道を歩んでおり、全てではないが、その開発の現場を自身で体験してきた。

　本書では、これらのV型6気筒エンジンの歴史を、直列6気筒やV型8気筒エンジンの開発と見くらべて、どのように進められてきたかを、自身の経験も踏まえ、できるだけ分かりやすくまとめた。

　増補新訂版では、初代VQエンジンの改良型であるVQHR型（VQの第2世代）と、R35GT-Rに搭載用のVR38DETTで培われた技術をベースに開発された、日産の主力高性能エンジンであるVR30DDTT（VQの第3世代）エンジンについて、その概要を序章として追加した。

　なお、本書の初版刊行時は、諸般の事情によって筆名での刊行となった。したがって、初版から引き続き掲載される章は、自身が経験している開発の様子について、あえて伝聞調で記載している箇所があったが、今回の増補新訂版の刊行にあたり、見直しを実施した。

　2008年以降、ハイブリッド車は順調にその販売台数を伸ばし、2010年代後半からはBEV（電気自動車）も市場シェアを伸ばしているのは当時の予想通りではあった。しかし、ここへきてBEVに逆風が吹きつつある。BEVの市場価格と価値のバランスの悪さにユーザーが気づき始めて、BEVは予想するほど売れなくなってきている。一方、中古の内燃機関車はスポーツカーや高級車を中心に価格が上がってきている。

　VR30DDTTは決して最後の内燃機関ではなく、これからも発展し続けるはずである。

石田宜之

目 次

序章　さらに進化する日産V型6気筒エンジン………7
―VR30DDTTエンジンについて―

第1章　エンジン開発のプロセス……………………17
1. 時代とともに変わる開発手法………………………19
2. 車両開発とエンジン開発の関係……………………22
■エンジン企画のスタート…22　■開発期間と設備投資…25
3. 開発コンセプトの作成と設計業務…………………30
■コンセプトの作成…30　■エンジン開発の組織…32　■設計業務…35　■外製部品調達…39
4. 試作及び実験…………………………………………40
5. 生産開始から市販まで………………………………42
■生産の準備…42　■工場試作から生産まで…43　■広報・宣伝活動と発売…44

第2章　V型6気筒と直列6気筒との比較…………46
1. V型6気筒エンジンの生い立ち……………………46
■かつてのV型6気筒エンジン…46　■FF搭載用V型6気筒の登場…47　■V型6気筒と直列6気筒の得失…49
2. 代表的自動車メーカーの姿勢の違い………………52
■トヨタと日産のエンジン開発思想の相違…52　■ベンツとBMWのエンジン開発のスタンス…56
3. FF車でもFR車でも搭載可能なV型6気筒………59
■FF横置き搭載…60

第3章　日本初のV型6気筒VG型エンジンの開発 62
1. V型6気筒エンジン開発の背景……………………62
■V型6気筒誕生の背景…62　■V型6気筒エンジンの検討…65
2. VGエンジン開発のスタート………………………66
■排気量系列、ボア・ストローク…68　■バンク角の決定…69　■シリンダーヘッ

ドボルト数…69

3. VGエンジン1次試作 ………………………………………70
■設計の開始…70　■各種の実験…74

4. VGエンジン2次試作 ………………………………………76
■基本諸元の見直しと設計変更…76　■ターボ仕様エンジンの開発…78　■問題点
の解決…80　■デビューおよびVG30ETの開発…82　■FF車へのVGエンジンの
搭載…83

5. VG型エンジンのDOHC仕様開発 ……………………………84
■DOHCエンジンの仕様…86　■ディーゼルエンジンについて…91

第4章　三つの日産の高性能エンジン …………93

1. FF搭載のV型6気筒VEエンジンの開発 ……………………93
■開発と性能評価…95　■VE30DEエンジンの仕様と特徴…96　■開発状況…98

2. ターボ装着のVG型 DOHCエンジンの開発 ………………99
■ツインターボのVG30DETTエンジン…101

3. スカイラインGT-R用の直列6気筒RB26DETTの開発 ……104

4. 超高級車インフィニティQ45用V型8気筒エンジンの開発…106

5. 1980年代日産の直列6気筒新エンジン開発の経緯 ………111

第5章　本命のVQエンジンの開発 …………116

1. エンジン開発のスタート ……………………………………116
■VQエンジンの基本コンセプト…117

2. エンジン各部の仕様 …………………………………………120
■各部の設計の狙い…120　■ボア・ストローク寸法の決定…126　■VQエンジン
開発ストップの動き…131

3. VQ開発で当初採用が見送られた技術 ……………………132
■ラダーフレーム…132　■ローラーロッカーアーム…134　■可変吸気バルブタ
イミングVTC…135　■ライナーレスアルミシリンダーブロック…136

4. 先行2次試作エンジン …………………………………………137

5. VQエンジン仕様の決定 ………………………………………139
■シリンダーブロック及びシリンダーヘッド…139　■主運動部品…140　■動弁、
動弁駆動系部品…143　■吸気系部品…145　■排気系・潤滑系部品…145

6. VQエンジン開発のポイント……………………………146
■オープンデッキによるボア変形問題の解決…147　■国内トップクラスの出力性能へ…148　■フリクションロスの低減…150　■軽量化とコスト低減…151

7. VQエンジンの新しい生産工場の建設………………153
■VQエンジンの発表…155

第6章　VQエンジンの改良と追加エンジン……158

1. 可変動弁システムの進化…………………………158
■吸気CVTC＋排気eVTC…161　■VVEL(Variable Valve Event & Lift)システム…162

2. 筒内噴射エンジンの開発…………………………164
■1990年代後半の開発競争…164　■筒内噴射VQ30DDエンジンの開発経過…168
■V35スカイライン搭載用VQ25DD、VQ35DDエンジンの開発…171

3. 3.5リッターおよび2.3リッターVQエンジンの開発………175
■3.5リッターのVQ35エンジン…175　■ティアナ用2.3リッターVQエンジン…177

4. VQエンジン用トランスミッションの進化………………178

第7章　VQHRエンジンの誕生………………………182

1. VQ25HRおよびVQ35HRの主要変更点………………184
■高回転化対応(最高エンジン回転速度7500rpm)…185

2. VQ25HRおよびVQ35HRの採用技術………………187
■高回転対応技術…187　■高出力化のための技術…188　■燃費向上のための技術…190　■排気性能向上技術…191　■音質向上のための技術…192

3. 排気量アップのVQ37VHRの追加………………………192

第8章　R35GT-R用VR38エンジンの登場………195

1. R35GT-Rに搭載するエンジンの選択………………195

2. GT-R用VR型エンジンの構造………………………199
■VRエンジン仕様の決定…201　■シリンダーブロックの構造…203　■主運動系…205　■シリンダーヘッド・動弁系…206　■排気系部品(排気マニホールド、ターボチャージャー)…207　■オイルポンプの構造…209　■ＶＲ38エンジンの特性…210　■最後に…211

序章
さらに進化する日産V型6気筒エンジン
―VR30DDTTエンジンについて―

1. VR30DDTTエンジン開発の背景

　VQエンジンの章で解説したように、1994年に発表・発売した初代VQエンジンは、排気量バリエーションを加え、筒内直接燃料噴射仕様を追加して進化していった。そしてVQエンジン企画時に目論んだように、初代VQエンジン発表から12年後の2006年に大幅な改良が加えられた。

　初代VQエンジンは前型であるVG及びVEエンジンの設計コンセプトを徹底的に見直し、世界一のV型6気筒エンジン目指して設計された。前型のVG、VEエンジンだけでなく、直列6気筒もVQエンジンに統合して、6気筒エンジンはすべてVQエンジンに集約する構想であったし、そのように企画を進めていた。

　よって、VQエンジンの企画構想段階からFF横置き搭載とFR縦置き搭載の両方を想定していたし、ターボ付きも想定していた。

　日産最初のV型6気筒であるVGエンジンを設計したときの排気量想定は2.0リッター～2.8リッター、FR縦置き搭載とFF横置き搭載までは考えていた。しかしDOHC化は考慮に入れず、構想だけで実現することがなかったディーゼルを考慮して、シリンダーヘッドのボルト配置を5本にした。後にDOHC仕様を追加するときにはシリンダーヘッドボルト配置を4本に戻すために、DOHC仕様はシリンダーブロックまでもが新設になるという、ほとんど新設計のエンジンになってしまった。

　排気量の範囲も、設計中にライバル社が新型3.0リッターエンジンを発表したため、当初の2.8リッターから3.0リッターに変更し、その跳ね返りでシリンダーブロックのデッキ高さを高く設計変更する必要が生じた。

以上説明したように、新しいエンジンを企画する際は、どこまで先を見るかによって、その後の設計工数、開発費が大幅に変わってくる。企画とはそのエンジンの運命を決めてしまうきわめて重要な仕事なのである。

　VQエンジンの開発は、社運を賭けたプロジェクトであり、全社の力を結集して開発にあたった。このVQエンジンはスポーツカーのような高性能を狙うのではなく、全世界に高級車として数を売ることが重要な任務であった。従って、出力性能やレスポンスの良さと並んで、軽量・コンパクトな設計、静粛性、信頼性、原価低減、そしてそれらのバランスが重要であった。もちろんのこと、スポーツカーに搭載する際には、出力性能やレスポンスの良さの優先順位は上がってくる。

　このように、初代VQエンジンは派手さはないが、徹底的に出力性能、重量、コストなどのバランスを追求して、それを実現したのである。VQエンジンを企画した時、発表時点で世界一を、その後10年程度はトップレベルを維持することを目指したが、1995年から米国Ward's社選出の10 Best Enginesの常連であるので、その目標はほぼ達成されたといって良いだろう。

　VQエンジンの2代目にあたる、VQHRと名付けられた進化版は、初代VQエンジン

VQ3世代のエンジンスペック比較

	第3世代	第2世代	第1世代
エンジン名	VR30DDTT	VQ35HR	VQ30DE
エンジン形式（気筒配列）	60°V型6気筒	←	←
総排気量（cc）	2997	3498	2988
ボア×ストローク（mm）	86×86	95.5×81.4	93.0×73.3
圧縮比	10.3	10.6	10.0
燃焼室形状	ペントルーフ型	←	←
動弁系	4バルブDOHC	←	←
燃料供給	筒内直接噴射	吸気マニホールド噴射	←
過給機	並列ツインターボ	なし	なし
最高出力（kW/rpm）	298（405ps）／6400	232／6800	162／6400
最大トルク（Nm）	475／1600-5200	358／4800	280／4400
エンジン乾燥重量（kg）	約194.8	187	161
使用燃料	無鉛プレミアム		レギュラー

特徴点
1．第1世代当初は排気量3.0リッターが上限であったが、競争力向上のため3.5リッターを追加した。
2．第2世代はNA3.5リッター上限でスタートしたが、VVEL（バルブ作動角・リフト量連続可変システム）仕様の追加と同時に排気量を3.7リッターまで拡大した。
3．第3世代はダウンサイズターボとして排気量を当初VQの3.0リッターまで下げた。排気量とともに補機類も小型化してエンジン本体上に搭載した。
4．第3世代からボアストロークをスクエアに変更してターボと高圧縮比を両立させた。

VR30DDTT エンジンスペック比較

搭載車両	スカイラインGT	スカイライン400R	フェアレディZ・RZ34	【参考】フェアレディZ・Z34
エンジン名	VR30DDTT	VR30DDTT	VR30DDTT	VQ37VHR
エンジン形式（気筒配列）	60°V型6気筒	←	←	←
排気量（cc）	2997	←	←	3696
ボア×ストローク(mm)	86.0×86.0	←	←	95.5×86.0
圧縮比	10.3	←	←	11.0
燃焼室形状	ペントルーフ型	←	←	←
動弁系	4バルブDOHC	←	←	←
動弁駆動系　吸気側	チェーン　電動VTC	←	←	チェーン　VVEL+*Hd
動弁駆動系　排気側	ギア　油圧駆動VTC	←	←	チェーン　VTCなし
ターボチャージャー	2ターボ　回転センサーなし	2ターボ　回転センサー付	←	なし
燃料供給	筒内高圧直接噴射	←	←	吸気マニホールド供給
燃料	無鉛プレミアム	←	←	
最高出力(kW/rpm)	224／6400	298／6400	←	261／7400
最大トルク(Nm/rpm)	400／1600-5200	475／1600-5200	475／1600-5600	374／5200

*Hd：Hydraulic（油圧式）

搭載車両によるエンジンスペックの違い
1．スカイラインGTはターボセンサーを使わずブースト設定を下げて305ps（224kW）にデチューン。
2．フェアレディZ・RZ34にだけ採用したアイテムは以下。
　リサーキュレーションバルブシステム、遠心振り子付デュアルマスフライホイール

排気マニホールドはシリンダーヘッドに内蔵され運転時の熱損失を防ぐとともに従来のレイアウトよりコンパクトになっている。排気は両バンクのシリンダーヘッド壁に直付けされた小型ターボに導入される。ターボを出た排気はターボに直付けされた触媒に入るので、従来のようなパイプレイアウトに比べ、熱容量が小さく、レイアウトもすっきりし、重量も軽くなる。

が持っている高性能のポテンシャルを引き出すことを目的に開発されたエンジンであった。具体的には高回転の伸びの良さを追求しながら低燃費と環境対応を実現するという困難な課題に挑戦した。

　排気量は2.5リッターと3.5リッターの2種類に統合し、より高性能を求められるFR縦置き搭載仕様専用に設定した。VQHRエンジンは後に可変バルブリフト機構を取り入れ、排気量を3.7リッターにアップしたVQ37VHRを追加設定している。この可変バ

VR30DDTTエンジン（左）を搭載して最高出力405psのスカイライン400R（右）

フェアレディZ・RZ34（VR30DDTT搭載、最高出力405ps、写真は米国市場向け）

ルブリフト機構はスロットルバルブをなくして、吸気バルブのリフト量とカムシャフトの中心角で吸気量とタイミングを制御している。これにより確かにポンプ損失は減少するが、低速時のガス流動も減少するため低速トルクが低下する問題が発生し、排気量を200cc増やした。

　FF横置き搭載についてはそれほどの高性能を要求されないので、従来のVQエンジンを使うこととした。なお、排気量についてはFF横置き搭載仕様も2.5リッターと3.5リッターに統合されている。

　VQHRエンジンは初代VQエンジンの持つ高性能ポテンシャルを充分に生かすために、以下に示すような技術を採用している。

　ラダーフレーム＋鋳鉄鋳包みベアリングキャップ、クランクシャフト剛性アップ、電磁式（排気側）及び油圧式（吸気側）CVTC（可変バルブタイミング機構）、ストレート吸気ポートなど。詳しくはVQHRエンジンの章を参照されたい。

　VQHRエンジンは、排気量増加と高圧縮比、高回転まで使うことで高性能を得るという、伝統的な性能向上手法を採用しており、次第に世界のトレンドに遅れを取っている技術となってきていた。

　そして2010年代に入ると自動車に対する環境、排気対応の要求はますます厳しくなる一方で、これとは相反する要求である動力性能向上が求められている。高性能車のエンジン性能では400psクラスが当たり前となっているのである。

　このような要求に応えるために開発されたのが、以下に説明するVQエンジンの第3世代となるVR30DDTTエンジンなのである。ターボ付きを標準仕様にすることにより、排気量はVQHR型に対して500~700ccサイズダウンして3.0リッターにすることで、高出力化しながらフリクションを下げ、エンジンの軽量コンパクト化と燃費、排ガス浄化のポテンシャル引き上げを実現した。

2. VR30DDTTエンジンの開発コンセプト

　VQエンジンの第3世代であるVR30DDTTエンジンは、VQエンジンのDNAである高性能、シャープなレスポンス、低燃費、軽量コンパクト、静粛性といったコンセプトを受け継いでいる。

　60°V型6気筒の元々コンパクトなパッケージを生かし、水冷インタークーラーをエンジン搭載し、排気マニホールドをシリンダーヘッドに内蔵させたり、ターボをシリンダーヘッドに直付けしたりして、レイアウトをコンパクトにまとめた。

　さらに、新世代VR型3.0リッターV6ツインターボをスカイライン400R及びフェアレディZ・RZ34専用にチューンした。ターボの過給性能を高めることで圧倒的なパ

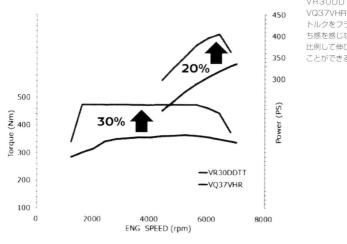

VR30DDTTエンジンは、従来のVQ37VHRエンジンより約30%高いトルクをフラットに出しており、頭打ち感を感じない、エンジン回転速度に比例して伸びるエンジン出力を感じることができる。

フォーマンスを実現した。

　スカイライン及びフェアレディ Z に搭載された VR30DDTT エンジンは、日産 V6 エンジンの DNA である、必要充分な出力性能を前提に、シャープなレスポンスと良好な燃費性能の両立を図って開発されている。小径のタービンとコンプレッサーのターボチャージャーの搭載をはじめ、吸気側に採用した電動 VTC システム（可変動弁システム）、燃料噴射制御を高い精度で行う筒内燃料直接噴射、ピストンとの摩擦抵抗を低減する鉄メッキしたシリンダーボアの鏡面仕上げ、走行環境によらず、つねに安定した冷却効果をもたらす水冷インタークーラーなど、先進の高性能ターボエンジンにふさわしいテクノロジーを結集した。

　そのパフォーマンスとともに、優れた燃費性能、アイドリング時の静粛性など、プレミアムスポーツにふさわしい高い静粛性も身につけている。

　そのうえで、さらなるパフォーマンスの要求に対して、ターボの過給性能を極限レベルまで引き上げている。ターボ回転センサーを用いてターボの限界領域まで使い切ることを可能にすることで、歴代スカイライン、フェアレディ Z 最高の 298kW（405ps）を実現した。

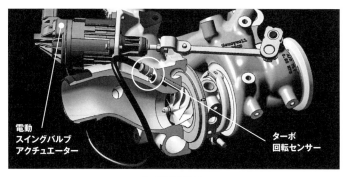

ターボ回転センサー

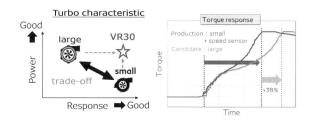

高出力を出すには大型ターボが良いが、大型ターボは慣性重量が大きくなってレスポンスが悪化する。VR30DDTTではターボ回転センサーを採用して、片バンクあたり200ps程度の小型ターボを回転限界まで使い切ることで、出力とレスポンスの両立を図った。

3. VR30DDTTエンジンの主要採用技術

■ターボ回転センサー

　小径のタービンとコンプレッサーによりシャープなレスポンスを実現している VR30DDTTエンジンであるが、ターボエンジンにおいては、高出力とレスポンスはトレードオフの関係にあり、タービンとコンプレッサーのサイズは、高出力化には大径、レスポンスには小径が有利となる。エンジンの潜在するポテンシャルをフルに引き出すために、渦電流式（磁束感知式）のターボ回転センサーを用いて精密に監視してターボの回転限界領域まで使い切る過給圧とすることで、ベースとなるエンジンよりさらに100psの高出力を生み出し、アクセルワークに素早く反応するシャープなレスポンスと高出力化の両立を実現している。

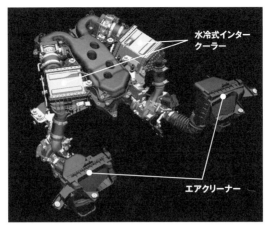

水冷式インタークーラー

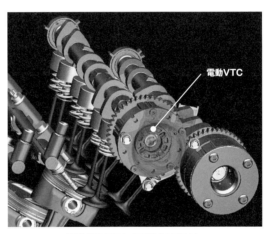

電動VTCシステム（可変動弁システム）

■水冷式インタークーラー

　ターボにより過給され温度上昇した吸気を冷却し密度を高めて充填効率を向上させるインタークーラーに水冷式を採用。外気温の高い環境や低速走行時などでも安定した冷却効果を発揮する。空冷式に対しコアを小さくでき、コアの配置の自由度も大きいので吸気配管レイアウトをコンパクトにできる。従って吸気通路の容積も小さくできるため、アクセルレスポンスが改善される。さらに405ps仕様では強化ウォーターポンプを採用し、インタークーラーの冷却性能を向上させて実走行時のトルクアップに貢献している。

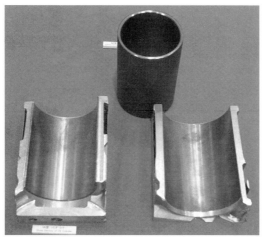

ミラーボアコーティング（右がライナーレスシリンダーで左は従来型の鋳鉄ライナー鋳込み仕様）

■電動 VTC システム

　シャープな加速レスポンス、低燃費、クリーンな排ガスを実現するには従来の油圧式に比べ、より速い VTC 変換速度でないと作動遅れを生じてしまう。そのために、モーターで VTC を駆動する電動 VTC を採用した。低回転から高回転までの全域で、最適なバルブタイミングを遅れなくトレースできるこのシステムにより、燃費とレスポンスの両立を実現している。

■ミラーボアコーティングシリンダーブロック

　シリンダーの内面は、平滑な中に深い油溝があるのが理想的で、従来のプラズマ溶射を進化させたミラーボアコーティング（シリンダーボアの内面に高温で溶かした鉄を吹き付ける技術）を施して薄い膜を形成、それを滑らかな鏡面仕上げにすることでピストンとの摩擦抵抗を大幅に低減して、ボア全体に気孔と呼ばれる小さな穴が分散して形成。クロスハッチの代わりに潤滑油を保持しつつ、ボア表面粗さの低減が可能になった。エンジン自体の軽量化にも貢献（鋳鉄ライナーが不要になる）し、さらにはシリンダーの冷却を均等化することで、高出力と燃費性能の高レベルでの両立を可能としている。

　このようなコンセプトのもとに開発された VR エンジンは、VQ エンジンの DNA、さらには日産 V6 エンジンの DNA に立ち返り、さらなる進化を遂げたエンジンとなった。

第1章 エンジン開発のプロセス

　自動車用エンジンはクルマの心臓部であるといわれているが、クルマ全体からみれば、大きなパーツの一つである。クルマを構成する部品はどれもそれぞれの役割を持っており、どの部品が欠けても困るが、とりわけ「走る」、「曲がる」、「止まる」に関する機能部品は重要である。

　エンジンは、クルマのパーツとして最も大きく重いものであるが、そのクルマの性格を最もよく表すのがエンジンである。とりわけスポーツカーの場合は、エンジンがそのクルマのイメージを決定するといっても過言ではない。フェラーリはあのV型12気筒エンジンが、そしてポルシェはフラット6エンジンがそのクルマの、というよりメーカーそのもののイメージを形づくっているのである。

　「曲がる」、「止まる」に関する部品は「走る」をサポートするためにある、というよりエンジンが高性能である証が、スポーツカーなどの場合はブレンボのブレーキであ

2001年に登場した日産スカイラインV35。全長が直列6気筒より短くなっていることを生かして、エンジンをフロントオーバーハングより後方に構成することで、車両運動性能を発揮させようとしたもの。それまで直列6気筒が主流だったスカイラインに初めてV型6気筒のVQエンジンが搭載された。

VG30DEエンジンの全パーツ。シリンダーヘッドおよびブロック、主運動部品などはメーカーでつくられるが、そのほかの部品の多くは専門メーカーでつくられて、エンジン組立工場に運ばれてくる。

り、超扁平タイヤであるといえるところがある。

　エンジンはクルマのパーツではあるが、クルマに従属するものというよりも、むしろクルマの性格を決定付ける主役ともいえる存在である。

　4ストロークガソリンエンジンがニコラウス・オットーによって発明されたのは19世紀半ば過ぎの1867年であるが、このエンジンは自動車に搭載できるようなものではなかった。その後、ダイムラーとカール・ベンツという2人のドイツ人が、これから20年ほど後に、それぞれ別々に小型ガソリンエンジンをつくり上げて、クルマに搭載して走らせる実験に成功している。ガソリン自動車の場合は、明らかにエンジンありきなのである。

　そして、クルマの発展の歴史は、すなわちエンジンの進化の歴史である。高性能エンジンがあるから高性能なシャシーやブレーキが必要になったのであり、高出力なエンジンに耐えるトランスミッションが必要になったのである。

　このように、クルマの心臓部であるエンジンはどのように企画されて、開発され、

そして生産されるのかをまずは解説していきたい。新しくエンジンを開発することの面白さ、むずかしさをどのように感じて設計者は設計しているのかに迫っていきたい。開発費、設備投資が多額にかかるエンジンは、新しく開発したものは最低でも8年、できれば10年以上生産しないと、その投資を償却できないといわれている。エンジン開発には3年以上かかるので、企画時からみれば10〜15年先の時代を見通して考えなければいけないのである。

　たとえば、日本で初のV型6気筒エンジンとして登場した日産のVGエンジンは企画したのが1979年、生産開始が1983年、そしてVQエンジンにバトンタッチしたのが1994年であり、11年間日産のメインエンジンであったわけだが、実際には、その後も生産され続けて2007年まで24年の長きにわたって現役であった。

1. 時代とともに変わる開発手法

　エンジンの開発プロセスは、時代とともに大きく変化してきている。長いあいだ、開発は実際に設計図をもとにエンジンを試作し、実験して、その結果を次のロットで修正するというフィードバック型であった。生産設備にしても、机上で計画した工場レイアウトや機械設備の配置計画を行った後、実際の機械を設置し、ラインを動かしてみて問題点を洗い出し、それをもとに修正するという仕事の仕方が一般的であった。

　しかし、21世紀に入るとITツールが劇的に進化してCAE（解析計算）やシミュレーション技術が高い精度で使えるようになり、開発や工場設備導入に対する考え方が大幅に進歩してきている。

　たとえば開発では、実際の試作に入る前にエンジンの全部品を3Dデータで作成して組み上げてしまう。これをデジタルモックアップと呼んでいるが、このデジタルモックアップを使って性能や耐久性のシミュレーション計算、車両搭載上の問題点、寸法・重量の計算、コストの見積もり、部品の干渉問題、組み付け作業性などを検討し、不具合があればその部分を修正するというプロセスを短時間のうちに何回もまわ

CAD操作風景。ソリッドモデルでレイアウトを検討しているところ。

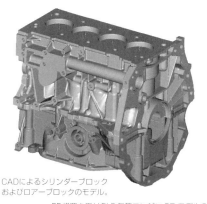

CADによるシリンダーブロック
およびロアーブロックのモデル。

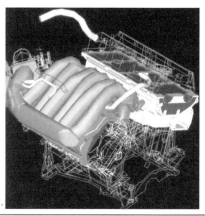

FF横置き用V型6気筒エンジン3Dモデルの例。

すことで、一度も試作しないまま完成
度を高めることができる。もちろん、そ
れまでに開発したことがない、まったく
の新機構などを採用する場合は部分的
な試作をして、その性能や機能チェッ
クをすることは必要に応じて実施する
ことになる。

　このように、バーチャル開発で完成度
を高めた仕様を最後に1度だけ試作し
て、実機での性能確認、耐久性確認をし
た後に、正規手配を実行して工場設備を
発注することになる。

　いっぽう、工場技術員は設計部隊と同
時併行で3Dデータによる工場レイアウト
の検討、機械設備、組み立てラインの組
み上げをする。このバーチャルファクト
リーをもとに工場作業員の作業性、作業
時間測定などを行って、設備を導入する
前に工場を「見える化(作業の様子を目に
見える形にする)」して、想定される問題
点を潰してしまうのである。

　工場の作業員は、図面を見せられて、

CADによるエンジン
ルームのレイアウト例。

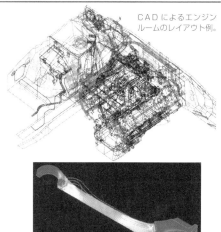

コンロッドの応力解析。

FF横置き直列4気筒エンジン搭
載のアンダーフロア3Dモデル。

この作業性はどうかと聞かれても正確に答えることがむずかしい。しかし、3Dのアニメーションで実際の作業が可視化（現場では見える化と呼んでいる）されれば、イメージが湧いて問題点の指摘や改善点を具体的に提案することができる。つまり、設計段階で工場の作業者の具体的な要望を聞いて、それを取り入れることができるので、仕事が格段に速くなる。

　正規手配に基づき機械設備を発注し、実際の設備が入ったときに工場の技術員や現場の作業員がすることは、あらかじめ3Dデータで検討した結果と相違点がないかを確認するだけになる。

　このように、問題点をフィードフォワードすることで、生産ラインの垂直立ち上げ（生産立ち上がりと同時に、いきなりフル生産に移行）が可能になっている。また、従来では、生産立ち上がり時の作業員数は安定時の2倍程度必要であったものが、最初から所定の人員でラインを稼働させることができるようになっている。

　IT技術による仕事の手順効率化が図られることで、従来よりも少ない開発費、開発期間でエンジンの設計から生産までできるようになっている。この場合、重要なことは企画段階、開発の初期段階でいかに多くの関係部署を巻き込み、問題点を早いうちに解決できるかが鍵になる。現代のエンジン開発には上流、下流という概念はほとんど意味をなさなくなっている。

　企画部署が検討した内容に基づいて、設計部署が図面を引いてそれを試作部署が実際につくって、その試作品を実験部署が実験し、出てきた問題点を設計にフィードバックする。このサイクルを2〜3回まわして完成度を高めた仕様にして正規手配とする。正規手配に基づき発注した設備を実際に工場に配置してみて不具合や作業性の悪いところを設計にフィードバックするというシリーズ型の開発は、もはや20世紀の遺

スカイラインＶ３６用エンジン
ルームレイアウトのCADモデル。

車両組み立てラインのバーチャル3D。作業員がいかに楽に速く作業できるかを3Dで検討しているところ。

物となったのである。

とはいえ、ここで採り上げるVGエンジンの開発は1970年代後半に始まり、その後継のVQエンジンの開発も1980年代後半からで、この時代の開発は、まだ従来のシリーズ型の開発手法であった。もちろん、この時代でもサイマル開発といって、設計部隊は工場技術部と連携して仕事を進めていたので、完全なシリーズ型開発ではなかったが、今ほどIT技術が進んでおらず、所詮は2Dの図面による検討であった。

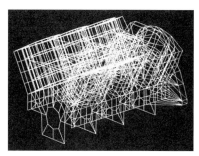

VGブロック。1980年代までは有限要素法を駆使して設計に生かされたが、もはや旧式となったワイヤーフレームモデル。

このようにエンジン開発のプロセスは大いなる進展を遂げているが、新エンジンを企画して開発し、生産設備を準備し生産を立ち上げるという大きな流れそのものは、基本的に変わっていない。

ここでは一般的に新エンジンを企画、開発する際に検討すべき内容について解説をしていきたい。

2. 車両開発とエンジン開発の関係

まったく新しい車両開発は、基本となるプラットフォームから開発するので、開発期間は比較的長くなる。しかし、一般的にはプラットフォームの基本仕様がある程度固まってから具体的な車両の企画に入るので、20世紀における車両開発期間は開発宣言から立ち上がりまでのスパンで40か月程度であった。

これに対して、そのパワーユニットである新エンジン開発は、車両より数か月前から始められる。これは試作車両に搭載する前にある程度の性能、耐久性を保証しなければならないこと、生産設備が車両に比べて大がかりになるためである。

また、生産の立ち上がりで見ると、車両に対してエンジンは約1か月先行しなければならない。車両組み立てはエンジンやトランスミッション、その他パネル部品などが揃って初めて生産開始できるのである。

■エンジン企画のスタート

エンジンは車両に先行してエンジンの開発チームが企画をスタートさせるが、車両企画チームのほうでも、進めている車両企画にマッチしたエンジンを要求したいのは

当然のことである。性能はもちろん、搭載性や原価などあらゆる点で細かい要望を出して、エンジン設計サイドと話し合う。しかし、仕様に関して両者が折り合わないことがある。もちろん、新エンジンを企画する時点で、ある程度車両サイドと仕様の摺り合わせはするものの、その時点で車両の企画はまだ固まっておらず、話が具体性に欠くことになりがちだ。

　しばしば起こる問題は、エンジンを企画した時点では車両開発サイドでもOKといいながら、いざ車両企画を固めていくと、それでは性能が足りないとか、原価をもっと安くしろとかいう要求が出されることがある。

エンジン開発プロセス

```
商品企画        → コンセプト、搭載車両などを決める
商品化計画      → 実際のエンジンの仕様、レイアウトを決める
                  エンジン仕様、レイアウトに基づき部品仕様を決める
コンポーネント構想  → 先行エンジン試作、実験
                    先行実験で検証
詳細設計        ← 工程設計
                  サイマルエンジニアリング
                  (ほとんどの生産要望はここで織り込む)
図面検討会
本番試作(1次、2次)   組み立て性フィードバック
                    実験結果フィードバック
火入れ式・実験
正規手配
工場試作        ← 生産技術要望のフィードバック
生産試作
量産開始
```

　車両企画というのは基本的には割付け方式で進めていくが、その割付け値は必ずしもエンジンの企画通りではないことが多いのである。また、当初はエンジンの企画を考慮していたとしても、最後はどうしても車両全体の重量やコストなど積み上げで決まる部分が出てきて、その辻褄を合わせるために新しいエンジンユニットに皺を寄せがちなのである。重量も大きく、コストもかかるものだから、車両サイドからみれば余裕があると思うのであろう。

　割付け方式というのは、たとえば重量でいえば、目標車両重量を1500kgと設定すると、エンジンは150kg、トランスミッションは80kgというように各要素部品1点1点まで落とし込んで重量の割付けを行うことである。しかし、ある部品は前モデルの部品を流用するので目標の重量に届かなかったり、ある性能目標を達成するために(たとえばエアコンの効きを良くするために)一部の部品を重くしなければならないなどといったことが起こる。

　そうなると、各部の申告に基づく重量を積み上げることになり、結果として、重量目標未達になってしまう。このようなときに頼りにされるのがエンジン、とくに新開

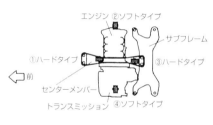

エンジン ②ソフトタイプ

サブフレーム

①ハードタイプ　③ハードタイプ

⟸ 前

センターメンバー

トランスミッション　④ソフトタイプ

FF横置きのエンジンマウント。V型6気筒の
VQエンジンを横置き搭載したセフィーロ。

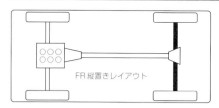

FR縦置きレイアウト

FF横置きレイアウト

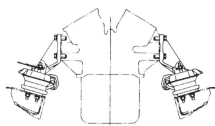

FR用にV型6気筒エンジン縦置き
にしたときのエンジンマウント。

発エンジンの場合である。全体を目標値に戻すために余力がありそうだと思うところに追加の割付けをしてくるのである。また、逆のケースでエンジンが目標重量よりも重くなって車両サイドの足を引っ張ることになることもある。

エンジンの開発では、車両として完成するまでのあいだに、無理難題ともいえるような要求が出されることがよくあり、それに応えながらも要求どおりの性能に仕上げていくのが、エンジン開発チームの腕の見せどころであり、逆にこれをチャンスとして捉えることでエンジンをより良いものにできることがある。

第5章でくわしく述べるが、VQエンジンの開発プロセスで、コスト削減要求のために企画当初に考えられていたVTCや油圧バルブリフター、ローラーロッカーなどコストが上がる仕様については、ほとんど採用

FR用とFF用エンジンの主要変更点

部品	部位	変更理由
シリンダーブロック	エンジンマウント	FR用はエンジンの両脇であるが、FF用はエンジンの前側にも必要となる
	補機ブラケット用ボス	FR用とFF用では補機配置が変更になることが多く、取り付けボスが変更される
オイルパン	形状	車載条件が変わるので形状が変更される
吸気マニホールド	形状及び吸気コレクターの位置	FR縦置きとFF横置きでフードとの相対関係が変わり、また、エアクリーナーとの位置関係からスロットルチャンバー位置が変わり形状変更が必要となる
排気マニホールド	形状	FR縦置きとFF横置きでレイアウトが異なる

が見送られた。しかし、そうなると目標とする性能を達成することがむずかしくなる可能性があったが、コストがあまりかからないで性能向上が図れるように、摺動部の鏡面仕上げ、冷却改善など、当初の計画になかった技術を吟味して採用することで、要求性能を上まわるまでのエンジンに仕上げられたのである。このように逆境によってこそ、"火事場のバカ力"のように開発陣ががんばって成果を上げることがあるわけだ。

　また、車両開発との関係でいえば、エンジンは常に複数の車両に搭載することを考慮しなければならないことである。

　VQエンジンを最初に搭載したのはA32セフィーロであったが、セフィーロ搭載の後、1年も経たないあいだにY33セドリック/グロリアに搭載している。しかも、A32セフィーロはFF横置き搭載であり、Y33セドリック/グロリアはFR縦置き搭載とまったく異なる搭載レイアウトであった。

　基本となる仕様は同じでも、部品としてはシリンダーブロックやシリンダーヘッドなども異なったものとなり、補機配置などもまったく違うレイアウトになっている。それでも多くの部品や機械加工設備を共用するから、まったく別のエンジンにするより全体のコストははるかに小さくなる。

　エンジンを新しくするのは莫大なコストがかかるから、複数の車両に搭載しなければならない運命にある。そうした意味では、コストがかからないようにしながら多くの車両に搭載できるという応用性が求められるのもエンジンの宿命である。

■開発期間と設備投資

　新エンジンの開発は、企画から生産立ち上がりまでのスパンは40か月に及び、総開発費は10億円規模になり、設計、実験に掛かる工数は軽く見積もっても500人・月を越える規模になるという。そのエンジンを生産するに当たっては、内製だけに限った設備投資額だけでも軽く100億円を越える規模となるので、新しいエンジン開発は、各メーカーにとって失敗は許されないものである。

　同時に、それだけの投資を回収するためには、少なくとも月に3万台ほどの規模で8～10年生産し続けることを前提にすることになる。とくに、主力となるエンジンの場合は、そのエンジン開発が成功して、世界中の市場から評価されるかどうかは、そのメーカーに

車両組立ライン。サブフレームに取り付けられたエンジン＋トランスミッションをボディとドッキングするところ。エンジン組立工場からアセンブリで運ばれてくる。

動弁系の進化

動弁系	時代	備考
OHV	1960年代前半までは主流だった。	1500cc、1900ccクラスのエンジンを中心に、従来のSV（サイドバルブ）エンジンを更新してOHV＋バスタブ燃焼室のエンジンが開発された。1960年代中盤にはモータリゼーションの発展で、OHV＋ウェッジ燃焼室のエンジンが主流となった。1970年代後半にSOHC化されてOHVは減少。
SOHC	1960年代中盤から2000cc級のエンジンよりエンジンのSOHC化は各社で始まった。	合わせてシリンダーヘッドのアルミ合金化も始まる。規制対策の目処が付いた1970年代後半から、各社から次々と新エンジンが発表された。日産のCA型やトヨタの1S型に代表される軽量コンパクトで燃費の良い新エンジンが登場。しかし、1980年代前半にDOHC4バルブエンジンがトヨタから登場すると、脇役にまわるようになり、1980年代後半にはその役割を終える。例外としてホンダなどはSOHC4バルブを標準エンジンとして使い続けている。
DOHC	1970年代までは高性能・少量生産。1980年代トヨタが大量生産し大衆化。	それまでの高性能であるが、値段が高く、扱いにくい上に燃費も悪いという特殊なエンジンを、高性能で燃費も良く、普通に乗れるエンジンに大衆化されて普及。1990年代にはコンセプト上でもう一段の進歩を遂げる。標準仕様と高性能仕様の2つのDOHCを揃えるという路線に決別し、1種類のDOHCで多くの要求を満たすエンジンづくりである。性能は高性能DOHCで、燃費、コストなどは標準のDOHC並みというコンセプトである。1994年に日産から発表されたVQエンジンなどはその代表。

とっての将来に大きく影響を与えることになる。

　この本のテーマである日産VQエンジンの2リッターから2.5リッター、さらに3リッターという複数の排気量と種類を持つだけでなく、FF搭載とFR搭載を前提にし、しかも国内と北米輸出用を同時に開発するものであったから、そのための開発費、設備投資額ともにかなりな規模のものになったことは想像に難くない。

　これだけの大プロジェクトとなる開発も、その企画段階は、意外に少人数でスタートするようだ。実際に日産最初のV型6気筒のVGエンジンのときはさらに少なく、わずか数人であった。

　この最初の企画がエンジン性能を含めて

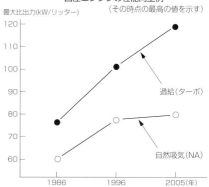

国産エンジンの性能向上例
（その時点の最高の値を示す）

最大比出力(kW/リッター)

過給（ターボ）

自然吸気（NA）

1986年からの10年間はDOHC化や各種可変システムの採用でリッター当たり20kW以上の出力向上が実現された。1996年からの10年間は自然吸気エンジンに関しては頭打ち傾向であるが、過給エンジンについては圧縮比アップや制御技術向上によりリッター当たり15kW以上の向上が図られている。

すべてを決するといっても良いほど重要な仕事である。最初の企画を決めるときに、10年以上先の社会やクルマの進化のことまで考慮する必要があるからだ。

　エンジンに要求される本質的な基本要件は時代が変わっても基本的には変わるものではない。しかし、時代によって付帯する要件や、それらの優先順位は変わってきている。たとえば1960年代から1970年代初めにかけては、出力性能を追いかける時代であった。

　1950年代はサイドバルブ式が主流であり、圧縮比は7程度であったのは、当時の設計技術、生産技術、そしてコストの折り合うレベルがその程度であったということである。エンジン気筒配列は直列4気筒がほとんどで、3ベアリングのクランクシャフトというメカニズムであり、出力性能はリッター当たり50psに届かず、最高回転速度も5000rpm程度というレベルだった。

　1960年代に入ると、動弁系はOHVが主流となり1960年代半ばを過ぎるとOHCに、そしてシリンダーヘッドの材料もアルミに変更されていった。クランクシャフトのベアリングも5ベアリング（直列4気筒）になり、より高回転で高出力を発生する構造へと進化していった。

　1960年代は高出力であることはもちろん、音振性能や燃費性能にも目を向けられていったのである。

　エンジン開発の方向性を一変させるのが、1970年代の排気規制の導入であった。自動車が増えればその排ガスによる大気汚染が問題となるのは当然で、北米で一足先に施行されたマスキー法に倣った昭和50〜53年規制が導入されることになり、各メーカーともその対策がエンジン開発の最優先課題となった。従来の10分の1まで有害物質を減少させることは技術的にとてつもなく困難な課題で、排気規制をクリアすることが至上命題となり、エンジン性能は落としても仕方ないというところまで追い詰められた。

　そして、排気規制が一段落した1978年には北米で燃費規制（CAFE）法案が導入され

エンジンに要求される性能のトレードオフとその対策

出力性能	⟺	燃費性能

かつては出力性能と燃費性能はトレードオフの関係にあった。それは、可変機構がなかった頃は高速性能を出そうとすると低速性能が犠牲になったためである。現在では可変技術と制御技術が進化し、コンパクトな4バルブ中央点火燃焼室が一般的になっており、出力と燃費はかなりのレベルで両立させることができるようになっている。

出力性能	⟺	コスト

現代のエンジンは、高速出力を出すために低速性能を犠牲にすることはできない。したがって、可変バルブタイミングや可変吸気システムを使うことになるが、これらの技術はコストがかかるので、高出力エンジンのコストは一般的には高くなる。

音振性能	⟺	軽量・コンパクト

エンジンの振動は一般的には出力が高いほど大きく、同じ出力であればエンジンが軽いほど振動は大きくなる。したがって、最近の軽量コンパクトで高性能なエンジンの音振性能は悪くなるはずであるがそうなっていないのは、ピストンを始めとする主運動部品を軽くして起振力を小さくしていること、バランサーシャフトなどで主運動による振動をキャンセルしていることなどによる。

コスト	⟺	軽量・コンパクト

一般的にエンジンを軽くするためにはアルミなどの軽量な材料を使ったり、型で抜けない駄肉を機械加工で削ったりするので値段が高くなる。しかし、鋳造でつくっていた部品を板金に、重力鋳造の部品をプレッシャーダイキャストでつくるなどの工夫で、ある程度までの軽量化であればコストと両立させることが可能になっている。

て、時代は燃費性能向上へと傾いていく。日産では、それまでのA型やL型エンジンから、E型やCA型エンジンなど燃費向上を狙った軽量な新エンジンを続々と開発していったが、他メーカーも同様に新エンジンを登場させた。

　排気規制で燃焼を真剣に研究した日本メーカー各社では電子制御技術と三元触媒の導入により解決の目処が立てられたことで、1980年代に入ると、その蓄えた技術を燃

エンジンとその技術年表

		1975	1980	1985	1990
主要エンジン	V型6気筒主要エンジン		○日産VG20E.ET.30E ●VG30ET	★日産VG30DET ☆トヨタ1VZ-FE ○ホンダC20A-E ○三菱6G71 マツダK8-ZE(1.8リッター)☆	★日産VG30DETT 日産VE30DE☆ ☆ホンダC30A(NSX)
	その他の主要エンジン	○ダイハツCB（直列3気筒）	☆日産FJ20E ●日産L20ET（日本初のターボ） ○トヨタ1G-EU　☆トヨタ1G-GEU ☆トヨタ5MG-EU	○日産RB20E ★日産RB20ET、DE.DET☆ ☆トヨタ4A-FE（ハイメカツインカム）	★日産RB26DETT 日産RB25DE☆ トヨタ1JZ-GE.GTE★ ホンダG20A（直列5気筒）
各種可変技術	可変バルブタイミング・リフト			◇日産NVCS	◇ホンダDOHC V-TEC トヨタVVT-i◇ 三菱MIVEC◇
	可変吸気、バルブ休止		◇トヨタT-VIS(慣性過給) バルブ休止(三菱シリウスダッシュ)◇	◇日産NICS(慣性過給) 日産NICS(共鳴過給)◇ ◇マツダVICS(慣性過給)	トヨタACIS(共鳴過給)◇← ホンダ可変デュアル(共鳴過給)◇← ◇←
	可変気筒			◇三菱オリオンMD(4-2気筒切り替え)	
	可変ターボ		日産ジェットターボ◇ マツダツインスクロール◇	マツダ シーケンシャルツインターボ◇ トヨタ シーケンシャルツインインターボ◇	◇ホンダウィングターボ
新技術		◇サイレントシャフト付直列4気筒	◇TGP付成層燃焼　◇ERS(エコランシステム) ◇電子式エンジン集中制御 ◇2プラグ+急速燃焼　◇ターボエンジン ◇ノックセンサー ◇CVCC-Ⅱ	◇スーパーターボ ◇セラミックターボ ◇スーパーチャージャー リーンバーン	◇5バルブ
車両			■日産ブルーバード910型 ■初代レパード ■初代ソアラ ■FFカムリ/ビスタ ■初代マーチ ■2代目プレリュード Y30セドリック/グロリア■ 7代目クラウン■ トヨタMR2■ C35ローレル■ 日産マキシマ■	■R31スカイライン ■Z32フェアレディZ ■初代レジェンド ■初代スープラ ■Y31セドリック/グロリア ■初代シーマ 初代レガシィ■ R32スカイライン■ スカイラインGT-R■ 初代インスパイア■ 初代セルシオ■ インフィニティQ45■	■← ■← ■←

○SOHC、●SOHCターボチャージャー、☆DOHC、★DOHCターボチャージャー、△その他

費向上だけでなく、再び高性能化へ舵を向けていくことになる。

　それは多くのユーザーの待ち望んだものだった。1979年に日産がL20Eターボを日本で初めてセドリック/グロリアに採用し、さらにスカイラインGTに採用して高性能化の火が点けられた。

　この高性能化の流れは1980年代のDOHCの大衆化へと続き、その流れは1989年に頂点

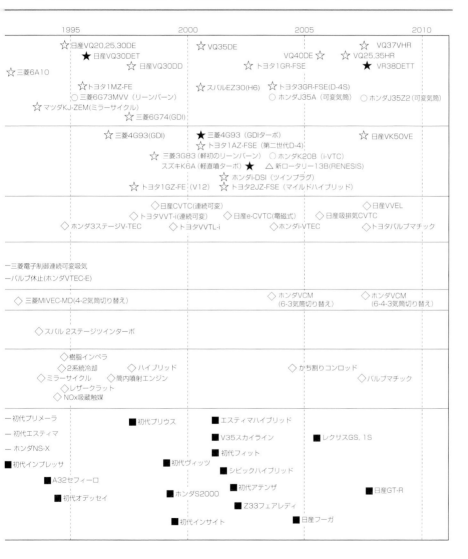

を迎えた。今となってはバブルといえる時期であった。

バブル崩壊後の1990年代は再び燃費を優先する時代となり、各社から多くのリーンバーンエンジンが発表されている。そのリーンバーンの究極ともいえる筒内噴射エンジンは1996年に三菱自動車工業、トヨタ自動車から相次いで発表された。鳴りもの入りで開発された筒内噴射エンジンであったが、実用燃費がそれほど良くならない割にはコ

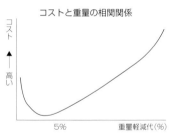

コストと重量の相関関係

ある程度の軽量化は設計の合理化や駄肉を取ることでできるのでコストも材料費分安くなる。それ以上の軽量化は軽量材料を使うなどコストを伴うようになる。

ストが高いなどの理由で10年も経たないうちに姿を消した。北米や欧州の排気規制への対応がむずかしいことも大きな理由のひとつであった。2000年代に入って半ばを過ぎるとエンジンの素質を磨いて実用燃費を向上する時代となってきている。

21世紀になり、ヨーロッパのメーカー各社は競うように高性能エンジンを矢継ぎ早に発表したが、2000年代後半になると筒内噴射エンジンを採用して燃費向上をしてきている。1990年代に日本メーカーがトライした超希薄燃焼ではなく、理論混合比で燃焼素質を向上するという正統派の思想である。さらにVWからは過給エンジンによる排気量をダウンサイジングしたコンセプトが提案されており、市場の支持を得た。

このような、新しい潮流は再び日本にも影響を与えてくるであろう。

以上見てきたように、エンジンに要求される本質的な性能自体は常に変わらないものではあるが、それぞれの時代によって重要視される項目は微妙に変化する。それは世相を反映し、ユーザーの要望を反映して流転を繰り返しているといっていい。

だからといって、そうした世の中の動きや流行に惑わされると、長期的な展望に欠けることになる。時代の変化を敏感に受けとめながら、エンジンの本質とは何か、どのように進化するものなのかの洞察が重要である。

そのためには、何よりもクルマ、そしてエンジンが好きで、常にエンジンのことを考えていることがエンジン開発には要求される。成功する企画を立てるためには、エンジンに関する総合的で深い知識と経験が必要である。いわゆる優等生が考えるような机上の空論的内容では、本当に良いエンジンの企画はできないであろう。

3. 開発コンセプトの作成と設計業務

■コンセプトの作成

エンジンの企画が立案され、それが首脳陣に承認されたら、エンジンのコンセプト

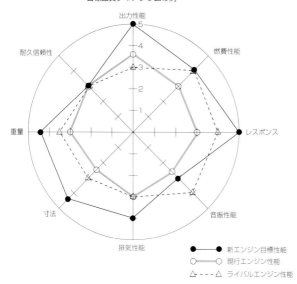

目標品質ダイアグラムの例

● 新エンジン目標性能
○ 現行エンジン性能
△ ライバルエンジン性能

現行エンジンの強み弱みをよく認識したうえで、新エンジンの目標性能を立案する。

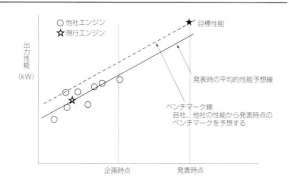

○ 他社エンジン
☆ 現行エンジン
★ 目標性能

出力性能
(kW)

発表時の平均的性能予想線

ベンチマーク線
自社、他社の性能から発表時点の
ベンチマークを予想する

企画時点　　発表時点

現時点の自社、他メーカーのクルマの性能から、数年先
の発表時点のベンチマーク性能、平均性能を予測する。

の作成に入る。これはエンジン開発の狙いを明確に表現するものである。このコンセプトにより、開発の方向性が明確に示される。それにより、開発メンバーの意志統一と方向性が決まることになるから、コンセプト作成の重要性はいまさらいうまでもないであろう。

　通常は5点満点のレーダーチャートで描かれて、項目としては、出力性能、燃費性能、レスポンス、音振性能（含アイドル性能）、排気性能、寸法、重量、耐久信頼性などが取り上げられる。耐熱性能、冷間始動性などは、今日のエンジンではクリアするのは当然の性能として扱われるものになっている。

　比較検討されるのは、現行型のエンジン及びライバルエンジン、さらにはそのエンジンが発表さ

れる頃には出て来るであろうと想定されるライバルエンジンである。

　このトレンドを想定するのがエンジン担当として腕の見せどころとなる。現在、市販されているライバルのエンジンを意識しただけの開発ではなく、ライバルメーカーで開発されている新しいエンジンに勝つことが本当の目標である。出力性能であれば毎年3％ずつ上昇している傾向であるなどと、過去の実績から推定して目標を定める。しかし、VTCや可変吸気技術など技術のイノベーションが起こると、こうしたトレン

31

ドや予想をはるかに越える性能向上を示すこともある。そうなると、性能でリードするエンジンを開発していると思っていても、ライバルメーカーに負けたものになりかねない。そうならないために開発スタッフは常に最新技術の動向を探り、その流れをリードする気概が必要となる。

　このコンセプトづくりの大切さは、これによりそのエンジンの出来不出来が決まってしまうといっても過言ではないからだ。そのためにコンセプトの立案には、多くの時間と工数を投入する。

　コンセプト策定は、現行エンジンの強みと弱みを分析するところから始まる。よくある失敗は、現行エンジンの弱みを対策しようとするあまりに、長所であった点を長所でなくしてしまうことである。欠点を直すことに目が行きがちであり、下手をするとそれが致命的な失敗となってしまうこともあるのだ。

　そのエンジンの長所は多くの場合、その企業のブランドイメージである場合が多く、尊重すべきものである。日産の場合は伝統的にスポーティなエンジン、つまり「スポーティ・ダンディズム」の路線を取ってきており、性能を犠牲にするようなコンセプトは期待されていない傾向が強い。7代目スカイラインがライバル車を意識して「やわらかい高性能」という曖昧なコンセプトでユーザーにそっぽを向かれたのは当然といえ、その後、2ドアクーペ投入時に硬派路線に回帰してユーザーを取り戻した。

　コンセプト策定は、狙いとする各種性能(出力、レスポンス、燃費、排気性能、音振、重量、コストなど)のトレードオフをはっきりとさせた上で、重点をどこに置くかが重要なのである。エンジンはその性格がはっきりと出るユニットなので、クルマのコンセプトに合わせて性格を変えられるほどの柔軟性はない。したがって、多くの場合、搭載するエンジンのバリエーションで車両のコンセプトに合わせていくことになる。

　このコンセプトが絵に描いた餅になってしまっては話にならない。コンセプトそのものは絵に描いた餅であるが、これを食べられる餅に仕立てられるかがエンジン担当に課せられた本当の腕の見せどころとなる。

■エンジン開発の組織

　ここで、エンジン開発に関するメーカーの組織について説明しよう。

　日産の場合、どのようなエンジンをいつ頃つくるかという中期計画は、技術企画室が立てる。その企画は具体的な内容になっているものではなく、「何年頃にこの程度の排気量で出力はこの程度、想定する搭載車は何々」という程度のラフな企画である。その計画にしたがってエンジン開発は、具体的なエンジン企画を立案することになる。

　この、エンジンを企画し、開発から生産準備、そして生産立ち上がりまで一貫して

車両およびエンジン開発に関する組織図
（VQエンジン開発当時）

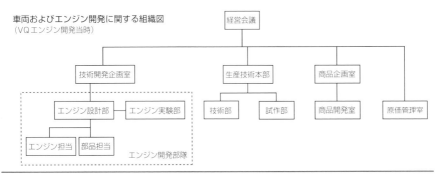

そのエンジンについて責任を持つのが「エンジン担当」である。エンジン開発のまとめ役であるエンジン担当は、具体的に部品を設計することはほとんどないが、目標性能を定めて、レイアウトをまとめ、スケジュールに基づいて部品設計に各部品を設計させる。もちろん、試作台数や実験企画についても、主体的な役割を果たしていく。

　実際にエンジンを設計するのは「部品担当」で、それぞれに各専門分野の担当が設計する。シリンダーブロックであれば、いろいろなエンジンのシリンダーブロックを担当している設計者である。過去に経験した開発や失敗事例を次の設計に生かしていくことが、その人の役割である。部品担当はエンジン担当がまとめたレイアウトに沿って部品を設計していく。

　エンジン担当は部品担当が作成した部品図を積み上げて、エンジンアッセンブリーとして問題ないかの確認をしていく。1980年代まではその作業をドラフター上で部品図から寸法を拾いながら手作業で行っていたが、今は三次元CADによるバーチャル組み立てになっている。

　この部品担当が作成した部品図をもとに、各部品メーカーに発注して実際の部品をつくる。それが完成したらエンジンを組み上げることになるが、これは試作部署の仕事である。組み付け時の問題点や組みにくさの評価も行っている。

　試作エンジンを使って、実験確認をしていくのが実験部署の役割である。今日ではかなりの部分を試作品を使わず、CADによりバーチャルに確認するようになっている。

　このように、各部署がお互いにクロスファンクショナルに仕事をして一つのエ

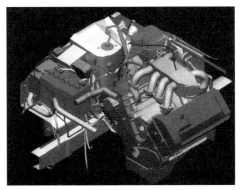

CADによるエンジンのレイアウト例。

エンジン材料、加工の進化例

部品	材料の進化	備考
シリンダーブロック	鋳鉄→アルミ合金	A390アルミ合金 アルミ/マグネシウム-コンポジット
シリンダーライナー （アルミブロック）	鋳鉄（焼嵌、鋳込み）→ライナーレス	ライナーレスは高シリコン含有アルミ材（A390） や表面処理（ニカジル、プラズマコートなど）に より実現
シリンダーヘッド	鋳鉄→アルミ合金	鋳鉄ヘッドではバルブシートは使っていない機種 もあった
バルブシート	鉄系焼結合金→シートレス	レーザークラッド処理による（バルブシート部分 に合金粉末材料を溶接）
ヘッドガスケット	アスベスト→グラファイト→メタル	使用過程での応力緩和を小さくする（軸力の維持）
コンロッド	鋳鉄→スチール→チタン	アルミ合金、FRMなども例あり
クランクシャフト	鋳鉄→スチール鍛造→スチールツイスト鍛造	鋳鉄製では中空構造による軽量化
オイルパン	板金→アルミ合金→樹脂、マグネシウム	軽量化
カムカバー	板金→アルミ合金→樹脂、マグネシウム	軽量化
吸気バルブ	スチール→チタン合金	軽量化、コスト高となる
排気バルブ	スチール→ナトリウム封入	冷却効果大
バルブリフター	スチール→アルミ合金	軽量化
吸気マニホールド	アルミ合金→樹脂	軽量化、コストダウン
排気マニホールド	鋳鉄→ステンレス鋳鋼→鋼管	耐熱性向上、熱容量低減、軽量化
スロットルチャンバー	アルミ合金→樹脂	軽量化
エアクリーナ	板金→樹脂	軽量化

ンジンをつくり上げていくのである。

　もちろん、この他にも、設計図面の出図日程管理、図面の管理をする設計管理部署や原価を管理する原価管理室など多くの部署が協力して仕事を進めていく。

　エンジン担当は、過去に自分が設計した経験はもちろんのこと、自分のまわりで設計している人たちの成功及び失敗を自分の経験としてうまく消化して、次の設計に生かすことが重要となる。もちろん、欧米で発行されている技術雑誌や各種の資料、研究論文などを常にチェックすることも重要だ。しかし、これらを勉強のために参考にするのではなく、好きだから見るという姿勢があると、実際に開発するエンジンに生きたかたちで取り入れることが可能になったり、新しいアイディアを生み出すきっかけになったりするようだ。興味を持って見るのと、勉強だと思って見るのでは視点が

同じベースエンジンの排気量アップの長短

方策	メリット	デメリット	変更設計部品
ボアアップ	排気量に比例した出力アップが可能。	排気量のわりには低速トルクが高くならない。	シリンダーヘッド、吸排気バルブ（径拡大） ピストン（径拡大） コンロッド：必要に応じて
ストロークアップ	低速トルクを増強できる。	排気量のわりには出力アップが大きくない。 デッキハイトを変えずにストロークを伸ばすとフリクションが増える。	クランクシャフト（ストロークアップ） コンロッド（軸間距離変更）
ボア・ストロークともアップ	ボアとストロークのバランスを保てるので、出力とトルクアップのバランスが良い。	変更部品が多くなり、コストが高くなる。	シリンダーブロック（ボア拡大） シリンダーヘッド、吸排気バルブ ピストン（径拡大） コンロッド（軸間距離変更）

違うからである。

　自分の経験に学ぶと同時に歴史に学ぶことも重要なのは、ライバルたちに遅れをとらないことが大前提でもあるからだ。エンジン開発に限らず、技術開発のような仕事では自分が考えるようなことは、誰かがすでに考えていることが多いはずで、それを調べずに同じ失敗をするのは愚か者といわれても仕方がない。

■設計業務

　次にコンセプトを実際の形へと進化させるのが、エンジン担当の役割である。

　エンジンコンセプトが重要であることはすでに述べたとおりであるが、コンセプトは所詮まだ「絵に描いた餅」でしかなく、その「絵に描いた餅」を「食べられる餅」にする道筋を立てるのが、これから先のエンジン担当の重要な仕事である。

　たとえば、あるエンジンで目標出力性能を162kW（220ps）に、目標重量を170kgに定めたとしよう。実際にはフリクション、音振やパッケージサイズ、コストなどあらゆる性能を検討するのであるが、分かりやすくするために、ここでは上に挙げた二つの目標だけで話を進める。現行のエンジンより、25psの出力アップが必要になり、しかも、現行エンジンより重量で40kgの軽量化が要求されたとしよう。

　この出力と重量をどのように達成するかの道筋を立てるときに、過去の経験値、シミュレーション計算、他社エンジンの調査などのデータを駆使して達成手段を選定してゆく。これを達成するには新しいシステムの導入が好ましいのであろうが、コストの制約により、採用できるとは限らない。

　そこで、何とか低速と高速をうまいバランスで実現できるカムタイミングやバルブリフト量を選定し、吸入抵抗低減との組み合わせで補おうなどと考えを巡らせるので

同一排気量での性能（最高出力）向上策（改良）

方策	具体策の例	デメリット
多気筒化	直列4気筒→V型6気筒	燃費悪化、低速トルク低下
ショートストローク化	86×86→89×80	低速トルク低下
多弁化	2バルブ→4バルブ	低速トルク低下
理論熱効率向上 （圧縮比アップ）	筒内噴射、メカニカルオクタン価向上 ミラーサイクル	出力低下（ミラーサイクル）
高回転化	具体的方策として主運動、動弁系の軽量化	フリクションが大きくなる
充填効率向上	慣性過給、共鳴過給、過給、4バルブ化	低回転の充填効率が下がる
急速燃焼（時間損失）	中央点火、コンパクト燃焼室、ガス流動促進	燃焼音が大きくなる
フリクション低減 （補機損失含む）	摺動部分の摩擦低減、最高回転低下	アイドル不安定
加速損失低減	慣性モーメント低減	アイドル不安定
ポンプ損失低減	バルブトロニック（スロットルレス） リーンバーン	低速の燃焼悪化（スロットルレス）、 排ガス悪化（リーンバーン）
冷却損失低減	2系統冷却、ウォータージャケット縮小	コストアップ（2系統冷却）
吸気損失低減	エアクリーナーや吸気ダクトの抵抗低減	吸気騒音の増大
排気損失低減	等長排気マニホールド	コストアップ

ある。重量ではピストンを軽量のサーマルフロータイプにすればコンロッド、クランクシャフトも軽くつくることができ、主運動系全体で5kg軽くできるなどと数字を積み上げていく。エンジン担当は、具体的なエンジンの計画を部品担当に説明して、その計画に沿った具体的な設計をしていってもらう。

　ともすれば、計画倒れで実現できない場合も多いようだが、計画段階から部品担当を中心にしたチームとしての結束力があり、目標に向かって一丸となる体制がつくられれば、エンジン担当が計画した以上の設計ができる部位も多くなる。それが優れたエンジン開発のキーポイントでもある。

エンジン本体系の進化

部品	部位および構造・製法	内容	目的
シリンダーブロック	材料軽量化	アルミ化による軽量化	軽量化
	材料の改良	高シリコン含有アルミ材によるライナーレス	軽量化
	ライナーの構造	4連鋳鉄ライナー	ボアピッチ縮小
	ライナーの構造	薄肉ライナー	ボアピッチ縮小
	シリンダーライナーとバルクヘッド構造	マグネシウムコンポジット	軽量化
	ベアリングキャップの構造	ベアリングビーム	音振性能向上
	ベアリングキャップの構造	ラダーフレーム	音振性能向上
	ベアリングキャップの構造	鋳鉄製ベアリングキャップ鋳込み	メタル打音低減
	オイル落とし通路の構造	オイル落とし通路を油面まで延長	フリクション低減
	ウォータージャケットの構造	ウォータージャケット縮小	燃費向上、軽量化、暖機促進
	シリンダーセンターのオフセット	クランクセンターオフセット大（8〜10mm）	燃費向上
	シリンダーの真円度	ダミーヘッド付きホーニング（真円度向上）	燃費向上、オイル消費改善
シリンダーヘッド	バルブシート	レーザークラッドによるバルブシート廃止	冷却改善
	ヘッドガスケット	メタルガスケット採用	信頼性向上
	ヘッドボルト締め方法	2度締め、角度締め	信頼性向上
燃焼室	点火プラグ座	小径点火プラグ採用によるプラグ座縮小	冷却改善
	クレビス容積	クレビス容積減少	HC排出減少
	燃焼室形状	コンパクト化	燃費向上
	バルブリセス	廃止または縮小（タイミングベルト廃止）	HC排出減少

主運動系部品の進化

部品	部位	内容	目的
ピストン	ピンボス部の構造	モノメタル化	軽量化による慣性力減少
	リングランドの構造	コンプハイト縮小	軽量化による慣性力減少
	ピストンリング	2本リング化	フリクション減少（燃費）
		リング幅縮小、低張力化	フリクション減少（燃費）
	スカート部の構造	表面コーティング（モリブデン、樹脂等）	フリクション減少（燃費）
		アンチスラスト側面積減少	フリクション減少（燃費）
	トップリング溝冷却	クーリングチャンネル追加	耐久性（リング膠着防止）
コンロッド	連桿比	センターディスタンスを広げて連桿比を大きくする	フリクション減少（燃費）
	製法	かち割りタイプ採用、焼結鍛造	軽量化、原価低減
クランクシャフト	製法	ツイスト鍛造	軽量化、原価低減
	製法	ピン、ジャーナルのフィレットロール掛け	強度アップ
	製法	ピン、ジャーナルのスーパーフィニッシュ	フリクション減少（燃費）
	製法	鋳造中空クランク	軽量化
	カウンターウェイト形状	カウンターウェイト形状流線型化	抵抗低減による燃費向上
フライホイール	フライホイール構造	フレキシブルフライホイール	音振向上
バランサーシャフト	構造	主運動部品による慣性力や慣性偶力をうち消す	音振向上

　コンセプトを実現するために、具体的なレイアウトを部品担当に見せて、こうすればできるという道筋を示す必要がある。詳細な設計は示す必要はないものの、その道筋、たとえばコンロッドの設計でいえばピストンを軽量のサーマルフロータイプにして10％軽くなるのだから、そのぶん慣性力が減ってクランクピン径を小さくできるから、少なくとも30％は軽くできるはずだ、などと設計の方向性を提案する。

　そうした具体的な設計方針を示さずに、基本レイアウトを部品担当に委ねてしまうと、一般的にいって、部品担当は自分が担当する部品にマージンを持ってレイアウトをすることが多いから、結果としてコストが上がり、重く大きくなってしまうことになりがちである。部品担当が知恵を絞り、ぎりぎり設計できる範囲で成立させるように指し示すことも、エンジン担当の重要な仕事の一つであろう。

　設計部の組織は、プロジェクト横断型の横割り組織とプロジェクト型の縦割り組織とがある。1980年頃までの組織は、どちらが良いか模索していたせいか数年ごとに行ったり来たりするのが常であったが、最近は横割り組織に落ち着いているようである。開発の効率を考えると、横割り組織の方が優れているからであろう。

　横割り組織というのは、部品担当がプロジェクトを横断して各エンジンの同じ部品を担当する組織である。つまり、シリンダーヘッド担当であれば、直列4気筒であれV型6気筒であれ、基本的にすべてのエンジンのシリンダーヘッドを受け持っていて、開発の順序にしたがって設計をしていく。Aエンジンの設計が終わったら次にBエンジンの部品を設計するというような具合である。それに対して、プロジェクト型の縦割り組織というのは、各エンジン開発プロジェクトにそれぞれ部品担当がいて、そのプロジェクト専任で部品設計を行う組織である。

　それぞれの組織には一長一短がある。

　横割り組織では、その部品技術を集約できるので、どのプロジェクトにも最新の設計技術を投入できる。しかし、いろいろなプロジェクトを手がけることになるので、それぞれのエンジンへの思い入れや全力を集中するといった点では万全とはい

動弁系、動弁駆動部品の進化

部品	部位	内容	目的
カムシャフト	材料	焼結接合中空組み立て式	軽量化、原価低減
	カムロープ形状	ベースサークル部幅狭化	フリクション減少
吸気バルブ	材料	チタン材採用	軽量化
	形状	ウェスト化	流量アップ
排気バルブ		ナトリウム封入排気バルブ	耐久性、点火特性向上
バルブリフター	構造	シムレス化	軽量化、原価低減
	構造	油圧リフター	メンテフリー化
	材料	アルミ化	軽量化
ロッカーアーム	構造	ローラーロッカー	フリクション低減
タイミングチェーン	構造	サイレントチェーン採用	音振向上
タイミングベルト	構造	ベルト廃止→チェーン化	信頼性向上

えなくなる恐れがある。

　縦割り組織では、プロジェクトに直接付いているので、小まわりが利いて素早い対応が可能になる。その一方で、ひとつのプロジェクトにかけられる人数が限られるので、ひとりがいろいろな部品を手がけることになり専門性が薄くなる。したがって、経験や知識不足が設計に影響しかねないというマイナスが生じる。また、他のプロジェクトとは疎遠になりがちなので、最新技術や他エンジンに起きている問題からややもすると遠ざかるきらいがある。さらに、各プロジェクトごとに同じ部品を設計する担当がだぶって存在することになり、効率的とはいえない。この組織ではプロジェ

吸排気系部品の進化

部品	部位	内容	目的
吸気 マニホールド	材料	樹脂化	軽量化、原価低減
	形状	等長化	出力性能、音質向上
	吸気通路形状	吸気ブランチ長可変化(慣性過給利用)	低速トルクと高速出力の両立
	吸気通路形状	2つの吸気コレクター通路の遮断 　(共鳴過給と慣性過給)	低速トルクと高速出力の両立
排気 マニホールド	材料	薄肉鋳鋼	熱容量低減 　(コールドスタートの排気性能)
	材料	パイプ材採用	熱容量低減 　(コールドスタートの排気性能)
	材料	ステンレス鋳鋼採用 　(高排気温度:1000℃以上)	高速燃費向上
ターボ チャージャー	形状	等長化	出力性能、音質向上
	構造	可変ジオメトリー	レスポンスと出力の両立
	構造	ボールベアリング化、セラミックローター 樹脂インペラー	レスポンス向上
	構造	排気マニホールドタービンハウジング一体化	軽量化、熱容量低減
	材料	タービンローター材料耐熱向上 　(排気温度1000℃以上)	高速燃費向上

潤滑・冷却系、エンジン制御システム

部品、システム	部位	内容	目的
冷却 システム	冷却方式	2系統冷却採用	燃費向上
	冷却方式	横流れ冷却採用	信頼性向上
	ウォーターポンプ	電動化	燃費向上
	ウォーターポンプ	オン・オフ駆動切り換え	燃費向上
	冷却ファン駆動	電動化または油圧駆動	燃費向上
潤滑 システム	オイルポンプ	可変容量化	燃費向上
	オイル供給量	供給量ミニマム化	燃費向上
	クランク室内圧	減圧化によるカウンターウェイトの空気抵抗低減	燃費向上
バルブタイミング	吸気バルブタイミング	位相可変化	低速トルクと高速出力の両立
バルブリフト、作動角	吸排気	リフト、作動角可変化	低速トルクと高速出力の両立
吸入空気量制御	吸気バルブリフト、作動角	吸入空気量を吸気バルブリフトと作動角で制御	燃費向上(ポンプ損失低減)
出力制御	アクセル制御	フライバイワイヤー 　(超希薄混合比時燃料量で出力制御)	超希薄混合気の出力制御
	アクセル制御	フライバイワイヤー 　(アクセルペダルとスロットルの関係を条件により可変化)	最適なアクセル制御
ターボ	過給圧制御	デューティソレノイドによるマップ制御化	最適な過給圧制御
	タービンブレード	セラミックターボ	レスポンス向上
	可変ターボ	A/R可変化	レスポンス向上

クトスタートとともに部品担当を素早く集めて、終了とともに解散するようなダイナミックな動きが必要不可欠である。

　エンジン開発プロジェクトは、同時併行でいくつかのプロジェクトが流れているのが普通である。このような場合、同じ社内とはいえエンジン担当同士はライバル関係となる。どのエンジン担当も、自分のプロジェクトを優先して部品担当に設計してもらいたいからである。

　このようなときに重要になるのが普段のコミュニケーションなのだ。いつもいつも部品担当とレイアウトや設計仕様について話をしたり、相談に乗っているエンジン担当はいざというときに部品担当に助けてもらうことができる。日頃の人間関係が設計そのものに反映されるようだ。

■外製部品調達

　外製部品とは社内でつくらず、外部のサプライヤー(協力会社)から調達する部品のことである。内製部品はシリンダーブロック、シリンダーヘッド、クランクシャフト、コンロッド、カムシャフトの、いわゆる5大部品といわれているものと、フライホイールなど部品点数でいえばごく少数であり、そのほかの多くの部品は社外から調達している。日産の場合は、コンロッドやカムシャフトは傘下の日産工機が担当なので、準内製扱いとしている。焼結部品も以前は内製していたが、その後生産設備ごと日立粉末冶金に移管された。

　1980年代は内製工場が多少人手があまり、ターボチャージャー、ベルトカバー、板金製排気マニホールドなどを内製したこともあったが、今はすべて外製になっている。内製工場は、外製と比べると工場には開発機能がなく、生産準備のスピードが遅かったり、かえってコストが高くなるなど、あまり良いところがなかったからと思われる。

　新エンジンを設計した場合、主要部品は新設となることが多いが、ボルト類、オイル、LLC、液体ガスケットなどは従来の部品を流用する例も結構ある。このような場合は、工順を変更する必要もないので、比較的簡単にサプライヤーとの価格交渉は進む。

　新機構部品の場合は少々手続きが面倒である。まずその部品をつくる能力があるサプライヤーを探して、試作手配前に生産の可能性や調達価格などで合意に達してスタートする。原価企画室は、その部品の製作工程を想定して、コストを見積もってからサプライヤーとの交渉に臨む。新機構部品はこの交渉を1次試作手配より以前にしておくことが望ましいが、実際には2次試作手配時になっても決まらないこともある。

その他の一般新設部品については、原価企画室がその部品を生産するときの工程を想定して原価をはじき出し、サプライヤーと原価交渉を行う。価格交渉の中で、原価低減の提案があればサプライヤー側から出してもらい、必要であれば設計変更を入れていく。

　こうした外製部品も、もちろんエンジン設計者が図面を書いてサプライヤーに提供するが、サプライヤーのほうも個々の部品に関しては実績があり研究開発が進んでいるので、意見を聞くことがある。しかし、そうした話し合いによって設計変更したりするのでは、時間的にも工数的にも無駄が多くなるので、部品によってはサプライヤーから担当者がやってきて最初から一緒に図面をつくったり、逆にサプライヤーのもとにメーカーの部品担当が行って設計する共同設計という形を取る場合もある。

4. 試作及び実験

　設計に入ると同時に、エンジン担当は実験部と試作したエンジンの実験についての打ち合わせを開始する。エンジン担当と実験部は実験計画法にしたがって、必要な性能、機能、耐久性確認のために何台の試作エンジンを用意したら良いのかを検討する。

　基本的にエンジン開発は2ロット制を採用する場合、最初のロットをDevelopmentロット、略してDロットと呼び、仕様を決定するためのロットという位置付けで、2番目のロットをConfirmationロット、略してCロットと呼び、仕様を確認するためのロットという位置付けである。

　まったくの新エンジンの場合はDロットの前に先行ロットを置いて、現行エンジンをベースに新たに投入する新規技術をあらかじめ確認しておく。VQエンジンの場合は先行1次、2次試作と2回の先行開発を設定している。先行1次はそれまでのVGエンジンをベースに、先行2次はほとんど1次試作と変わらないレベルの仕様で試作して、アルミダイキャストシリンダーブロックや主運動部の軽量化など、実現させなくてはならない、技術的に難易度が高い技術をこの段階で確認している。

　Dロットの試作台数は台上開発用が10機程度、車両に搭載して排気性能や実用性評価をするユニットテストカー用が3〜5機程度である。これはエンジンが1機種についての場合で、VQエンジンの開発のように排気量や搭載車両が多い場合は、もちろん、その必要数は多くなる。Cロット試作は開発の内容に応じて、Dロットと同等か若干少なくなるのが普通である。この後、正規手配仕様確認及び生産試作仕様確認のため、

開発として数機のエンジンまたは部品で入手する。

　開発がうまく行かないエンジンプロジェクトでは、この正規手配仕様や生産試作仕様でさらに開発実験を進める羽目になり、最悪の場合は生産立ち上がりから仕様変更するという綱渡りも起こり得るようだ。

　台上テストは性能実験に通常はいちばん多くの手をかける。その他に機能実験や耐久実

エンジンの台上テスト風景。エンジンの性能チェックのためのテストはマニュアルで決められている。

験を行う。耐久実験は壊れなければ自動運転でそれほど手は掛からないが、いったん壊れると大変な事態に陥る。壊れた部品をかき集め、壊れる直前のエンジンの状態(水温、油温、混合比、出力など)をチェックして破損の状況を推測する。その結果を対策部品にフィードバックして急ぎ追加の耐久実験を行う。簡単に直らない場合は、次のロットで対策することになるが、打つ手が当たる保証はないのでリスクが残ってしまう。

　話が前後してしまうが、新エンジンの初号機が完成したときには、試作部のテストベンチに関係者を集めて火入れ式を行っている。いわば開発における一つの区切りとしての儀式である。実際には火入れ式の前に、あらかじめ試作部でエンジンを試運転して無事にまわることを確認しておく。

　この火入れ式には直接エンジン開発に携わっている人間だけでなく、エンジン開発を影で支える人たちも呼んで和やかな雰囲気のなかで行われる。エンジン開発の重要な通過点としての儀式の意味もあるのだろう。進水式になぞらえてエンジンにシャンパンやお酒をかけたりしたこともあった。エンジン開発中に、関係者が一同に集まる

エンジンの運転はダイナモの外からリアルタイムで出力や油水温を見ながら遠隔操作で制御する。

エンジンダイナモでテスト中の試作エンジン。

機会は、ありそうでそれほど多くはないので、こうした機会を捉えて普段コミュニケーションを取ることがむずかしい人と話をしておくのも、後々になって役に立つことも多いという。

　火入れ式前に準備をしておいても、実際にエンジンがまわらないというハプニングが起こることもあるようで、急遽火入れ式の日を遅らせて、トラブルのもととなった部品を手配して万全を期することになる。新エンジンでは予期せぬこともいろいろ起こるのである。

　台上テストで目標性能に達しないこともある。大きく目標を下まわれば重大な欠陥をかかえていることになるが、今では試作エンジンをつくる前のシミュレーションで予測がつくので大きく下まわることはあまりない。

　逆に目標値を上まわることもある。RB26DETTの開発では、300psが目標であったが、実際に結果は315psまで達して、まわりを驚かせたようだ。せっかくだから乾杯だということになったが、社内で就業時間中にアルコールを飲むのはまずかったので、定時後にこの企画が実施されたという。

5. 生産開始から市販まで

■生産の準備

　形の上では開発が終わった後に正規手配をかけて生産準備となるが、実際の開発プロセスではDロット試作時点で、技術部が図面や試作エンジンを入手して生産性や組み立てのチェックを始める。

　実際の組み立て作業性の検討は試作部が中心となって行われる。作業に時間が掛かるところや作業がしにくい個所などを点数化して、目標の点数に届くまで設計部署と検討を重ねながら作業性を地道に改善していくことになる。

　生産設備の準備は、公式的には正規手配がされてからになる。しかし、内製の大物部品であるシリンダーヘッド、ブロック、クランクシャフトなどについては、実際には、正規手配の数か月前に発行される準備図にもとづいて準備を始める。生産設備発注から生産試作までに、それ以上の時間がかかるからだ。

　この準備図というのは実際的には図面ではない。正規手配では設計通知とともに図面を発行するわけだが、準備図は社内の技術連絡のための書類に参考図としてつくられたもののことである。準備図に記載している主要寸法は別にして、ボス類などについては変更があり得るものである。したがって、設計するほうでは変更もあり得るとの前提があるものの、生産する技術部サイドは準備図と寸法を変えるのは好ましくな

いということで、両者のあいだで議論になり得る。

■工場試作から生産まで

　開発したエンジンが性能、機能、耐久性、さらにはコスト面まで目標をクリアし完成したと判断したら、生産のための本格的な準備に入る。しかし、いきなり量産に入るわけではない。量産に入ってから問題が生じないように、あらかじめ生産ラインの工程能力をチェックし、計画したライン速度で流すことができるかを事前に見ておく必要がある。そのために、実際に工場でエンジンを試作してみる。この試作エンジンはライン品質を確認するという意味も持っている。

　工場での試作は、工場試作と生産試作の2種類がある。工場試作というのは1990年代半ばまでの呼び方で、その後はS（サイマル）ロット、さらにVC（Vehicle Confirmation）ロット試作と改称されている。この本では、1990年代初めに開発されたVQエンジンを主題に取り上げているので、工場試作という名称で扱っていく。

　1990年代半ばまでの車両開発は2ロット制で行われ、その後工場試作、生産試作と続いたが、初代X-trailの開発からSロット制に移行した。Sロット制では基本的に車両試作はSロットただ一度だけで、それ以前には試作をしない。その後のVCロット制においてもVCロットが最初で最後の開発車両となる。

　生産試作は2回行われ、PT1、PT2と呼ばれている。PTとはProduction Trialの意味である。

　工場試作は量産用の型を使い、機械加工も極力正規のラインに沿った工法でなされる。新エンジンの場合は時間的に準備が間に合わないので組み立ては量産ラインではなく、別の作業場などで行われる。工場試作は、主として量産相当のつくり方で品質に問題ないかをチェックする。

　生産試作PT1では量産設備である型や機械加工設備、治工具などすべて正規生産す

アルミシリンダーブロックの鋳造。溶解炉で約700℃に熱せられて溶かされた湯を鋳型に注入して、シリンダーブロックの粗材をつくる。

鍛造によるクランクシャフトの製造。1200℃に加熱した鉄鋼材を約8秒タクトという速さで打っていく。

る設備でつくられるが、正規の設置場所でなくてもよく、このPT1で量産時の工程能力を確認する。ここでいう工程能力とは、定められた規格限度内で製品を生産できる能力のことである。

生産試作PT2では、実際の量産ラインに生産設備を設置し、工程間の繋ぎ、サイクルタイムまですべてが正規生産の条件で生産し、実際に量産する際の問題点の最終的なチェックが行われる。

工場試作、生産試作エンジンの品質確認は開発サイドと工場サイドの両方で行われる。もちろん、車両に搭載した状態での品質確認（動力性能、耐久性、音振、耐熱など）も実施される。不具合はないに越したことはないが、たいていは多少の問題点は積み残されており、設計変更が必要となるようだ。

鋳造された粗材は機械加工された後に水圧テストで水漏れチェックされる。

各部品メーカーから運ばれてきたパーツも含めて、エンジンの組立作業が行われる。その工程の多くは自動になっている。

生産試作が終わると、いよいよ量産が開始される。エンジンやトランスミッションなどは車両の立ち上がり1か月前に生産が開始される。車両工場に渡す前に量産品質を確認し、少なくとも車両生産1週間前にはある程度の台数を搬入する必要があるためである。

■広報・宣伝活動と発売

発表と同時に広報、宣伝活動を開始するためにはその前からの準備が必要となる。宣伝や広報に使われる車両やユニットは、生産試作で製造されたものが基本となる。生産試作でつくられた車両は正規の製造番号を有しており、発表と同時に登録ナンバーを取得できる。

宣伝用の車両映像は、守秘上の理由から海外で撮影されることが多いようだ。ディーラー向けに新エンジンの特徴点、ライバルとの差別点などの販売促進資料も、販売開始の数か月前から制作が開始される。

広報活動としては設計部と協力して新型車、新エンジンのQ&Aを作成したり、記者発表の計画、段取り、広報試乗会の計画などを立案する。広報試乗会は通常記者発表後1週間程度で行われる。

新エンジンを立ち上げた後は、タスクフォースチームを組んで初期品質確認活動に

あたることになる。タスクフォースチームは数週間にわたり品質保証部を中心に設計、実験などの開発部隊との混成チームで各地の販売店をまわって初期品質やディーラーでの反響、顧客の声などを収集する。もし初期品質不具合があった場合は、迅速に不具合品を回収、調査して必要があれば設計変更することになる。

　1980年代までは、新型車が発売されてすぐに思わぬトラブルに遭遇することがよくあった。たとえば、真夏の渋滞路でオーバーヒートが発生した例などであるが、もちろん、開発実験では、真夏を想定した外気温40℃での走行テストは実施していた。そこで、なぜこの問題が発生したのかを追求した結果、開発実験では実際に前車に追従して渋滞走行をするという状況でのテスト走行を実施していなかったことがわかったのである。外気温が高くても、実際に前に走っているクルマがないと、ラジエターに当たる風量は多くなって耐熱は楽になる。この後は耐熱実験に前車追従モードが追加されたのはいうまでもない。

　ヨーロッパのメーカーが新車の発売前に新車情報リークのリスクを犯してもフィールドテストを行っているのは、実際の市場で走ってみないとわからない問題点を抽出するためである。

　このように、開発で万全を期したつもりでも、思わぬ落とし穴はあるもので、そのためにタスクフォースチームをつくって、その任に当たるのである。

　また、エンジン開発は量産体制ができて車両に搭載されることで終了するわけではない。世の中は時々刻々と動いており、変わりゆく事態に対処するために、エンジンの改良を続けていく必要がある。時間的・コスト的な制約などで開発プロセス段階でやり残したことがある場合は、それをどのようなタイミングで採用し、性能向上を図っていくか検討される。エンジン開発に終わりはなく、絶え間なく改良が加えられ進化していくのだ。

第2章　V型6気筒と直列6気筒との比較

1. V型6気筒エンジンの生い立ち

　自動車用のエンジンは1913年にフォードがベルトコンベアライン導入による大量生産を始めて以来、世界的に見て直列4気筒、直列6気筒、そしてV型8気筒が主流であった時代が長く続いてきた。V型6気筒エンジンの登場は意外と新しいできごとなのである。以下で述べるように、V型6気筒という気筒配列は北米でV型8気筒の廉価版という位置付けで登場し、1980年代に入ってから進行したFF横置きレイアウトの普及とともに、エンジンの主役の座に躍り出てきている。というのは、直列4気筒エンジンはFF車の場合、横置きに搭載することが可能であったが、上級車用エンジンであった直列6気筒は横置き搭載がむずかしく、FR専用エンジンであったが、V型6気筒はFFでもFRでも使用することができるという利点があった。そのために直列6気筒に代わって普及したのである。

■かつてのV型6気筒エンジン

　1980年以前のV型6気筒エンジンは、主として北米メーカーで生産されていた。フォード・ピントに搭載された欧州フォード製60°V型6気筒やGMのシボレー・マリブに搭載された90°V型6気筒などで、いずれもFR搭載であった。

　こうしたV型6気筒エンジンは、当時の主力エンジンであるV型8気筒エンジンの廉価版として位置づけられて生産されていた。もちろん、単純にテクニカルコストを比較すればV型6気筒より直列6気筒エンジンの方が安くつくることができるが、V型8気筒

60°V型と90°V型の寸法比較

	全長(mm)	全高(mm)	全幅(mm)
60°V型6気筒	533	566	546
90°V型6気筒	482	522	682

註：全長はプーリー先端からフライホイール後端までの長さ。

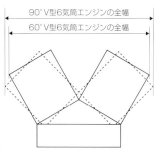

90°V型6気筒は60°V型6気筒に比べて150mm程度全幅が広がるが、全高は50mm程度下がる(3リッタークラスのエンジンで吸排気系を除いたエンジン本体で比較した場合)。

V型6気筒エンジンのバンク角による長短比較

		60°バンク	90°バンク	120°バンク	挟角（15°）
パッケージング	全長	○	◎	◎	○
	全幅	○	△	×	◎
	全高	△	◎	◎	△
FF搭載性		○	△	×	◎
FR搭載性		○	○	△	◎
吸気系L/O		△	○	◎	◎
排気系L/O		○	△	△	◎
振動特性		○	△	◎	△
構造の複雑さ		○	◎	◎	×

◎ 非常に優れている
○ 優れている
△ どちらともいえない
× 劣っている

エンジンから2気筒取り去った形のV型6気筒エンジンであれば、V型8気筒と量産ラインの大部分を共用できるため、生産ラインをつくる上では有利で、コストをあまりかけないで済んだ。また、車両への搭載でもV型8気筒を短くしただけなので、レイアウトを変更する必要はほとんどなく、ほぼそのまま搭載することができた。この場合、バンク角はV型8気筒と同じ90°が前提となるわけで、エンジンの横断面図はV型8気筒と同じなのでエンジンの全高、全幅は変わらず、全長のみ1気筒分短くなる。

　この90°V型6気筒エンジンはV型8気筒と同じ生産ラインでつくり、車両搭載レイアウトをV型8気筒エンジンと共用化できる点で有利であったが、構造的に振動面ではいくぶん不利な面を持っている。慣性1次偶力のアンバランスを消すことができないからで、この対応策としてクランクシャフトと等速逆回転するバランサーシャフトを採用しているエンジンが多い。これはV型8気筒エンジンの廉価版という位置付けで生まれてきたレイアウトという、当時のV型6気筒エンジンの宿命であった。

■FF搭載用V型6気筒の登場

　いっぽう、ヨーロッパを中心にFF搭載が普及してきた1980年代には、V型6気筒エンジンを小型車に搭載したいという要求が高まってきた。車両のFF化は小型大衆車から始まったが、次第に小型上級車にもFF化の波が押し寄せ、直列4気筒エンジンでは力不足になってきたのだ。

　直列4気筒では排気量を2.5リッター以上にするのは気筒あたりの排気量が大きくな

47

りすぎて、リッターあたりの出力を維持するのがむずかしく、また音振動的にも不利になってくるからだ。実際、北米でも1981年にGMがシボレー・サイテーション用にOHV2.8リッターのFF横置き60°V型6気筒エンジンを新規に開発している。このエンジンの登場が契機となって、各社がFF用V型6気筒エンジン開発に乗り出していく。

　FR搭載では、小型上級車には直列6気筒が採用されており、当然FF搭載ではV型6気筒エンジンに白羽の矢が立った。V型6気筒エンジンをFF搭載した場合、90°バンクではエンジン幅が広いので、エンジンルームの全長が長くなりすぎてしまう。この点、60°バンクであれば4気筒よりはいくぶんは長くなるものの90°バンクほどではなく、フロントオーバーハングを100mm長くする程度でエンジンルームに納めることができる。

　このように、60°V型6気筒レイアウトではエンジンの全幅を抑えることができるが、バンク間の吸気系を納めるスペースは狭くなるので、エンジン全高は90°バンクよりも高くなり、吸気管長も制約されるので、出力性能的には不利になる。しかし、小型上級車に搭載する上で最も重要視されるパッケージングがある程度コンパクトに収まるため60°V型6気筒エンジンは広く採用されるようになっている。

　いっぽう、120°バンク角やVWが採用している狭角（15°）バンク角はどうであろうか。120°バンクはパッケージングに問題がある。全幅が大きすぎてFF搭載ではエンジンルームに収まらなくなってしまう。FRレイアウトでも幅が広すぎてエンジンルームに収まらない。吸気のスペースは広くとれるが全幅の関係で排気のレイアウトの制

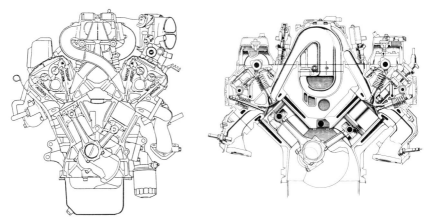

バンク角60°のマツダJFエンジン。60°バンク角にするとバンク間のスペースをあまり広く取れず、このように吸気ブランチの曲がりをきつくして長さをかせいでいる。

バンク角90°のホンダC27Aエンジン。90°バンク角にするとエンジンの幅は広がるが、吸気ブランチを長く取れ、バンク角内に可変吸気システムを収めることを可能にしている。

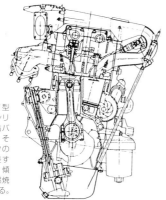

VWのVR6（狭角V型6気筒）エンジン。シリンダーヘッドは左右バンク共通の一体型。そのため、左右バンクの吸排気ポートが交差する。燃焼室も7.5°傾き、シリンダーが燃焼室の一部となっている。

約が大きくなり、性能のバランスはあまり良くない。120°バンクは車両搭載上の制約から検討対象に入らないのである。

　しかしながら、この120°バンクはなかなか興味のあるエンジンレイアウトであると思われる。全幅は水平対向エンジンと同程度であるが、クランクピンオフセットはないので、全長は水平対向よりも短く、排気系のスペースは水平対向ほど苦しくはない。車両全幅に余裕があるFR搭載用としては結構良い線を行くかもしれないと思われる。

　それでは、狭角V型6気筒はどうであろうか。VWはパッケージングを最優先事項に置いて、この狭角レイアウトを採用している。V型6気筒にもかかわらず、全長は60°V型6気筒並、全幅は直列6気筒エンジン＋αの寸法で収めているところはすばらしい。全高も直列6気筒並である。このパッケージングが狭角V型6気筒レイアウトの最大の利点である。

　しかし、犠牲も結構大きい。まず、シリンダーヘッドの構造が複雑であり、コストが高くなる。性能的には、左右バンクの吸気ポートと排気ポートがシリンダーヘッド内で行き交うので、吸気が暖められて最高出力性能が犠牲になる。逆に排気ポートは相手バンクの吸気ポートで冷やされてしまう。

　狭角V型6気筒は、パッケージング的には非常に魅力的であるが、シリンダーヘッドの構造が複雑なため、コストが高くなることが欠点である。VWは一人執念を持って採用したが、他社が追随することは今のところなさそうだ。

■V型6気筒と直列6気筒の得失

　ここでは、より一般的な60°V型6気筒と直列6気筒エンジンの比較をパッケージングや性能、そしてコストの観点からみよう。例として排気量2.5リッター同士でみよ

慣性力、偶力の例(6000rpm時)

		直列4気筒	直列6気筒	V型6気筒		90° V型8気筒
				60°	90°	
慣性力（垂直）	(kgm)	1425(2次)	0	0	0	55(4次)
慣性偶力 (kgm)	ピッチ	0	0	58(2次)		0
	ロール	103(2次)	66(3次)	←		8(4次)
	ヨー	0	0	58(2次)	61(1次),82(2次)	0
動弁系慣性偶力(kgm)		－	58	9	7	8

【使用した諸元】ボア・ストローク:87×83mm、ボアピッチ:109mm、コンロッド長さ:147mm、往復運動重量:745g

直列4気筒エンジンは非常に大きな上下2次慣性力を発生する。60° V型6気筒エンジンは2次の慣性偶力（ピッチングとヨーイング）が残るが、大きな問題はない。90° V型6気筒エンジンは1次の慣性偶力（ヨーイング）が残るので、1次バランサーが必要になる。

う。ボア・ストロークを85×73.3mm、ボアピッチは直列6気筒が95mm、V型6気筒が100mmと仮定する。ボアピッチが違うのは直列6気筒はボアピッチがボア径で決まり、V型6気筒はクランク系の長さで決まるからだ。

　まずパッケージングからは、エンジン全長はV型6気筒は直列4気筒並で圧倒的に短く、約200mm差ができる。しかしFR搭載する場合、左右の排気をどちらかにまとめようとすると連通管の通り道が必要となり、そのぶんV型6気筒の全長が長くなるので、差は120mm程度まで縮まる。

　エンジンの全幅は両者とも同じ程度に収まるが、直列6気筒は排気管を比較的性能を重視したレイアウトにできるのに比べて、V型6気筒は多少性能を犠牲にすることが多い。エンジン全高は直列6気筒のほうが多少(20〜30mm)低くできるうえ、吸気のレイアウトも性能重視で設計することができる。

　FRレイアウトに搭載した場合、V型6気筒のほうが全長面では有利であるが、乗用車の場合、それほどショートノーズにはしないので、パッケージング上はあまり大きな優位点はない。

　しかし、エンジン後端とバルクヘッドの間隔を比較的大きく取ることができるV型6気筒のほうが、衝突時にエンジンが車室内に入り込みにくいため、衝突安全性の面から見て有利になる。もちろん、直列4気筒エンジンを前提にしたピックアップトラックやショートノーズのスポーツカーに搭載する場合は、エンジン全長が短い

V型6気筒と直列6気筒エンジンの長短比較

		60°V型6気筒	直列6気筒
パッケージング	全長	○	×
	全幅	△	◎
	全高	△	○
FF搭載性		◎	×
FR搭載性		○	○
吸気系L/O		△	○
排気系L/O		△	◎
振動特性		○	◎
構造の複雑さ		×	○
重量		○	○
コスト		△	○

◎ 非常に優れている
○ 優れている
△ どちらともいえない
× 劣っている

註：同一ボア・ストローク アルミブロック

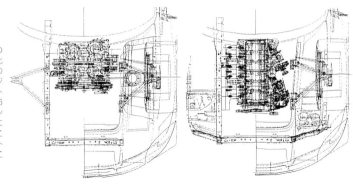

JGTレース用車両のR34GT-R搭載位置比較。右が直列6気筒のRBエンジンで、エンジンセンターがフロント車軸上にあるが、V型6気筒のVQエンジン（左）の場合は、大幅にリアサイドに寄せることができ、フロントミッドシップにすることができる。

ことは大きなメリットとなる。

　重量の点では、同じ材料を使う前提でみると、両者ほぼ同じ重量でつくることができる。しかし、エンジン全長の長い直列6気筒エンジンでは剛性面からアルミシリンダーブロックを採用することはむずかしいため、結果的にV型6気筒エンジンのほうが軽くできる。しかし、近年ではBMWに見られるように、アルミ合金やマグネシウムまでシリンダーブロック用材料として採用しており、V型6気筒と互角以上の軽量化を達成している。アルミシリンダーブロックであれば、重量は150〜160kg程度に収まる。

　出力性能的には、パッケージングの制約があるなかでは、吸気ブランチ長さや排気管のレイアウト自由度の高い直列6気筒が有利である。とくに最大トルクは5〜10%程度直列6気筒のほうが有利になる。

　音振的には、直列6気筒が完全バランスであるのに対して、V型6気筒は2次の偶力のアンバランスが残ってしまうぶん不利になる。しかし、直列6気筒はクランク全長が長く、高回転時の捻れ振動に問題が出やすい。また、動弁系の慣性偶力が大きく、高回転時のこもり音には注意を要する。

　以上見てきたように、直列6気筒とV型6気筒を比較すると一長一短があり、どちらかが一方的に有利ということはいえない。しかし、V型6気筒は横置きFFレイアウトに搭載できるという優位さで、直列6気筒を凌駕しつつある。

　アウディに代表される縦置きFF搭載でも直列6気筒ではフロントオーバーハングが大きくなりすぎてしまい、V型6気筒でしか成立し得ない。

　そのいっぽうで、BMWなどはボア間すきまを極限まで縮めて全長をぎりぎり詰め、シリンダーブロックにマグネシウム合金を使ってV型6気筒に負けない軽量化を果たしている。あくまでも直列6気筒＋FRレイアウトの可能性を追求することで、メーカーとしての特徴を出しているからだ。

　また、ボルボは補機の配置やトランスミッションの構造を工夫して、直列6気筒エ

ンジンをFF搭載している。これも例外的なタイプといっていいが、FF搭載の場合、時代の趨勢はV型6気筒であるが、直列6気筒の潜在的可能性を捨て去ることができないことを示している。

2. 代表的自動車メーカーの姿勢の違い

■トヨタと日産のエンジン開発思想の相違

　まずトヨタと日産のV型6気筒エンジンについての考え方の違いから見ていくことにしよう。

　日産は1983年6月に日本で最初のV型6気筒としてVG型エンジンを発表している。その後は同じVG型をFF(1988年：マキシマ)にも搭載しているが、日産の場合は、基本的にFR搭載ではV型6気筒を高級エンジンとして位置付けている。

　1984年のローレルのモデルチェンジの際は、直列6気筒のRB型と同じ車種に併行し

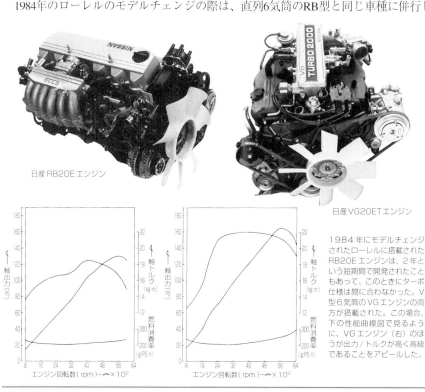

日産 RB20E エンジン

日産 VG20ET エンジン

１９８４年にモデルチェンジされたローレルに搭載されたRB20Eエンジンは、２年という短期間で開発されたこともあって、このときにターボ仕様は間に合わなかった。V型6気筒のVGエンジンの両方が搭載された。この場合、下の性能曲線図で見るように、VGエンジン（右）のほうが出力／トルクが高く高級であることをアピールした。

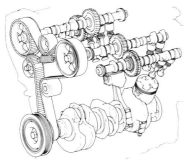

トヨタ1VZ-FEエンジン。バルブ挟み角は小さく、
排気カムの駆動はシザースギアで行われている。

トヨタ1MZ-FEエンジン

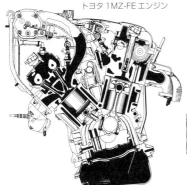
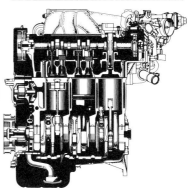

トヨタは日産のVGエンジンが実用化された4年後にV型6気筒エンジンを発表した。ハイメカツインカ
ムでコンパクトにつくり、FF専用エンジンとして位置付けた。排気カムの回転のためにシザースギアが使
用された。上は1987年にトヨタ初となった1VZエンジン。下は1995年に発表されたMZエンジン。

てVGエンジンを搭載しているが、その場合もV型6気筒をより高級エンジンと位置付
けている。つまり、直列6気筒のRB20EはNA、V型6気筒のVG20ETはターボ付きであっ
た。このときは、RBエンジンのターボ仕様の開発が間に合わずに、やむを得ず同じ車
種に直列6気筒とV型6気筒エンジンを同時に搭載したという事情があった。

　日産の場合、フーガを発表するまではセドリック/グロリアが高級車として位置付け
られていたが、この両車種には1960年代からずっと最高級の6気筒エンジンを搭載して
いた。1983年にV型6気筒を発売した当初はVG30E、VG20ET、そして1987年には
VG20DET、1988年にはVG30DET（初代シーマ）を搭載している。そして、1995年にはFF
搭載のセフィーロと前後して、新型のVQエンジンをセドリック/グロリアのモデル
チェンジに合わせて搭載している。

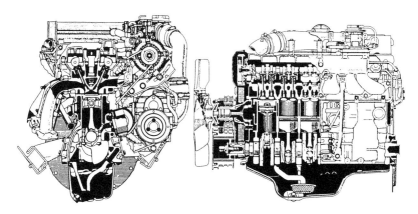

1985年トヨタ・クラウンに搭載されたスーパーチャージャー付き直列6気筒1G-GZEUエンジン。このすぐ後に発表されたツインターボ1G-GTEUに比べると出力は低いが、レスポンスに優れている。

　これと対照的ともいえるのが、トヨタのV型6気筒エンジンへの取り組みである。トヨタは日産に遅れること4年の1987年に60°V型6気筒エンジンを発表しているが、FF搭載用(カムリ・ビスタ)の従来のSOHCに代わるハイメカツインカムエンジンシリーズの1機種として位置付けている。その後、1991年には排気量2.5リッター及び3リッターに拡大しているが、このVZ型ではターボを装着することはなかった。

　トヨタは2リッター専用設計の直列6気筒1G-E型エンジンを1980年に開発し、その後も直列6気筒エンジンをFR搭載に採用し続けていた。1990年には2.5リッター以上の排気量帯は古くなったM型直列6気筒に代わってJZ型を新たに起こしている。G型の直列6気筒は2リッター専用設計だったため2.5リッター以上の排気量に対応できなかったためである。

　このように、FRには直列6気筒を搭載することにこだわり続けたトヨタは、FR搭載するのであれば、V型6気筒よりも直列6気筒の方が好ましいという判断に基づいていた。

	'95	'96	'97	'98	'99	'00	'01	'02	'03	'04	'05	'06	'07	'08
日産VQ														
BMW 直6														
フォード V8														
DCX V8														
GM V6														
ホンダ V6														
トヨタ V6														

Ward's社選出の10ベストエンジン
BMWの直列6気筒、フォードのV型8気筒エンジンも10ベストエンジンの常連で、表では14年間連続して選出されているのはVQエンジンだけである。

　しかし、量産性を考えるとFFにもFRにも使えるV型6気筒のほうが汎用性があって良いのではないかという疑問を持つ人がいるかもしれない。

　エンジンのラインは1ラインあたりの生産台数は3万台/月程度が最も効率が良

い。したがって、FR搭載用とFF搭載用がそれ
ぞれ3万台/月以上あれば、ラインの生産効率か
ら見れば、必ずしもV型6気筒に一本化する必
要性はない。もちろん、開発の効率の観点か
らはV型6気筒に一本化したほうが楽であるの
は事実である。

　しかし、それは本体開発にいえることで、
同じV型6気筒エンジンでもFF搭載とFR搭載
では車両適合で見れば、かなり異なり、同じ
V型6気筒だから仕事が大幅に楽になるという
ことはない。この点を考慮して、トヨタはエ
ンジンの製造コストが安い直列6気筒エンジ
ンをFR搭載に採用し続けてきたと思われる。

　1995年に、トヨタはVZ型の後継であるV型
6気筒のMZ型を発表した。日産のVQエンジ
ンより約1年遅れて発表されたこのMZ型は、
偶然にもVQとよく似たコンセプトで開発されていた。

トヨタ2GR-FSE（3.5リッターエンジン）。直噴
エンジンではあるが、超希薄燃焼をやめて、ピス
トン冠面をフラット化し、スワール制御をやめる
ことで、高速域での出力アップ代を充分に確保し
た。また、ポート噴射も併用されており、エンジ
ン負荷回転によって切り替わるようになっている。

　このMZ型も基本的にFF搭載を前提としたエンジンで、全幅をコンパクトにするた
めにバルブ挟み角を小さくしている。しかし、VZ型でエンジン全幅を狭くするために
採用した燃焼室の変形ペントルーフ型は、MZ型では踏襲されていなかった。やはり
ウェッジ型に近い燃焼室では燃焼素質が良くなかったのであろう。日産のVQエンジン
のシリンダーブロックがハーフスカートであるのに対してディープスカートであるな
ど対照的な部分もあるが、全体的には先に述べたように小型軽量化を狙っているコン
セプトは似ている。

　エンジンとしての出来は、毎年アメリカのWard's Auto World magazine社が発表して
いるその年の10ベストエンジンでみると、VQエンジンは1995年から毎年10ベストエン
ジンに選定されている。それに対してMZエンジンは、発表の翌年である1996年に選定
されただけで姿を消している。VQエンジンのほうがより高く評価されているといって
いいだろう。

　トヨタも、さすがに21世紀に入るとFR搭載にもV型6気筒エンジンを使うようにな
る。従来の直列6気筒JZ型とV型6気筒MZ型を統合する形で2003年12月に発表されたの
がGR型だ。

　クラウンに搭載された2GR-FSE（3.5リッター）は直接燃料噴射システム（D-4S）を採用
しているが、燃料インジェクターが筒内噴射用だけでなく、吸気ポートも併用してい

る。従来のD-4システムと違い、この2GR-FSEでは希薄燃焼システムは使っておらず、ストイキ燃焼としている。謳い文句ほど燃費が良くないとユーザーから評判の悪かった従来の希薄燃焼の筒内噴射エンジンのコンセプトとは異なり、出力向上のためのD-4Sシステムとしている。

　日産とトヨタの直列6気筒とV型6気筒に対する思想の違いをもう一度確認しておこう。

　日産は直列6気筒よりもV型6気筒を高級と位置付け、FR搭載車の直列6気筒をV型6気筒に置き換えてきている。それはV型6気筒エンジンはFF搭載にも使えるので、生産設備を共用できるというメリットも考えている。

　それに対して、トヨタはFR搭載にはコスト的に有利な直列6気筒を使い、V型6気筒でなければ搭載できないFFレイアウトの車両にのみV型6気筒を採用してきた。しかし、近年の衝突安全性への要求の高まりや、FFレイアウトの上級車への拡大とともに直列6気筒の生産台数が減って、ついにはFR搭載車にもV型6気筒エンジンを採用するように路線変更をした。

■ベンツとBMWのエンジン開発のスタンス

　次にメルセデスベンツとBMWについて見てみよう。どちらも、FR搭載の高級車をつくっている点では共通しており、事実、今日に至るまで、常にお互いをライバルとして切磋琢磨してきた歴史を持っている。両社ともシリーズの底辺に直列4気筒エンジンを、中核に6気筒エンジンを配し、上級にV型8気筒エンジンを採用している。そして、フラッグシップとなるトップレンジにはV型12気筒エンジンを配置してきた。両社のシリーズの中核を形成している車種、つまりメルセデスベンツではC、Eクラス、BMWでは3、5シリーズのメインの車格に6気筒エンジンが採用されている。

　1990年代まではメルセデスベンツ、BMWともに6気筒では直列エンジンを採用していた。しかし、1990年代から次第に違う歩みを辿るようになる。同じ6気筒エンジンでも、メルセデスベンツは90°V型に転換し、BMWは相変わらず直列6気筒を堅持し続けるのだ。

　メルセデスベンツが直列6気筒を放棄してV型6気筒に宗旨替えをした理由は何なのか。大きく分けて二つの理由が考えられる。

　一つの理由は衝突安全性だ。車両は前面から衝突するとエンジンが押されて後退する。直列6気筒ではエンジン全長が長くてエンジン後端とダッシュパネルのすきまはそれほど大きく取れないため、衝突の衝撃でエンジンがキャビンに侵入して乗員を傷つける恐れがある。それを避ける手っ取り早い方法は、エンジン全長の短いV型6気筒エンジンを採用することである。

　もう一つの理由は、V型8気筒エンジンの生産設備との共用化だ。バンク角を90°と

V型8気筒エンジンと共通化することで、同じ加工ラインを流せるようにしている。メルセデスの場合、6気筒エンジンのFF搭載はないので、V型6気筒エンジンをFFとFRで共用化しようという発想はない。

メルセデスベンツが最初に開発したV型6気筒エンジンは3バルブ2プラグという仕様であった。吸気バルブが2本＋排気バルブ1本という組み合わせだ。4バルブよりも効率が良いという信念のもとに開発したが、結局は次のエンジンのモデルチェンジで一般的な4バルブ＋ペントルーフ燃焼室に落ち着いている。

最初のV型6気筒の3バルブエンジンは、残念ながら成功作とはいえないであろう。3バルブの欠点は燃焼室を理想的なペントルーフ型にできないこと(大きな排気バルブに起因する)と、それに付随した点火プラグ位置の悪さだ。メルセデスはその欠点を補うために2プラグを採用していた。

いっぽうのBMWはどうであったか。直列6気筒エンジンがV型6気筒に対して劣る点は、そのエンジン全長が長くなることにともなう問題である。すなわち、前面衝突の安全性と鋳鉄製シリンダーブロック採用による重量が重いことだ。

前者の欠点はボア間のすきまを極限まで詰めることやエンジンルームの構造の工夫で克服した。2番目の問題は直列6気筒レイアウトであるための宿命的な弱みだ。全長が長い直列6気筒ではエンジンが捻れやすく、シリンダーブロックの剛性を確保することがむずかしい。

そのために、材料的に鋳鉄より剛性が低いアルミ鋳造のシリンダーブロックを使う

メルセデスベンツ 90°V型6気筒エンジン。1997年に、それまでの直列6気筒に代わって採用された3バルブ、ツインプラグの90°V型6気筒エンジン。ベンツは排気対策のために排気温度を上げるためもあって、DOHC4バルブからSOHC3バルブへ変更したが、2004年には再びDOHC4バルブへと戻されている。

メルセデスベンツ 直列6気筒エンジン。1989年に、従来のSOHCエンジンをベースにDOHC4バルブ化されて登場した。

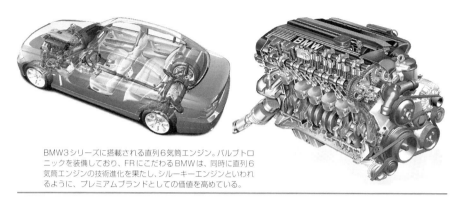

BMW3シリーズに搭載される直列6気筒エンジン。バルブトロニックを装備しており、FRにこだわるBMWは、同時に直列6気筒エンジンの技術進化を果たし、シルーキーエンジンといわれるように、プレミアムブランドとしての価値を高めている。

ことがむずかしいのである。剛性が低いとシリンダーヘッドガスケットのシール性に問題が出やすく、クランクシャフトの支持剛性も低くなるので、メタルの耐久性も低くなりがちだ。BMWはエンジンを極力短くして、またシリンダー側壁からスカート部へリブを這わせるなど構造的に剛性を高くすることで、この問題を解決して、アルミ合金製シリンダーブロックを採用して軽い直列6気筒エンジンを実現させた。

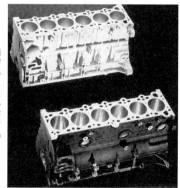

BMW直列6気筒用シリンダーブロック。上はアルミ製、下は鋳鉄製。1995年にアルミ製になった。アルミ製はボア間をギリギリまで詰めて全長を短くしているのがわかる。

　BMWがそこまで直列6気筒にこだわるのはなぜか。その最大の理由は直列6気筒は振動的に完全バランスであり、慣性2次、慣性偶力2次ともに完全にうち消されることにある。

　2次的な理由としては、FFとFRを共通に使えるというV型6気筒エンジンのメリットに無縁であるためだ。エンジンの素性をこの上なく大切にしているのがBMWで、プレミアム路線を選択しているがゆえに、一部を除いた車種はすべてFR搭載である。

2005年に新開発されたBMW直列6気筒用コンポジット・クランクケース。シリンダーライナー、ウォータージャケット、クランクシャフト支持部がシリコン含有の多いアルミでつくられ、このほかの部分はマグネシウム製。

　これに比べると、メルセデスベンツはクルマトータルのなかでエンジンを考えている。すなわち、エンジン全長が短いこと、V型8気筒エンジンとの生産設備共用性に高い優先順位を置いている。90°V型6気筒エンジンは、音質やバランス面では多少直列6気筒に劣るが、その欠点はバランサーなどを追加することで対処しようという考えである。

3. FF車でもFR車でも搭載可能なV型6気筒

　確かに衝突安全性のためのエンジン全長短縮要求や、FR縦置き搭載とFF横置き搭載で同じエンジンを共有できるというメリットを考えれば、V型6気筒という選択はビジネス的見地からは現実的である。自動車産業は規模のビジネスであり、たとえ部品自体はFF用とFR用で多少形が異なったとしても、シリンダーブロックやシリンダーヘッド、クランクシャフトなど大物部品の鋳鍛造、機械加工設備や組み立てラインを共用できるメリットは大きい。

　もちろん、最近では4気筒と6気筒、V型と直列エンジンを同一ラインで流す混流組み立てラインが一般的ではあるが、それでも専用のほうが効率的で好ましい。また、エンジンの構成部品の90%以上を占める購入部品は、もちろん種類が少ないほうが部品コストは安くなるし、ラインサイドに置くスペースや管理のための費用も少なくなる。

　しかし、FF搭載車両しかない、あるいはFR搭載車両しかないメーカーにとっては、このような量産効果のメリットを考慮することは、あまり意味を持たない。もちろん、エンジンを自社生産するのではなく、OEMで調達するのであれば、調達先と同一形式のエンジンを採用したほうが安くなるのは当然である。

　それぞれのメーカーは、車両搭載時のメリットとデメリット、さらにはエンジンそのものの性能、コストなどを総合的に比較して、直列6気筒を選ぶかV型6気筒を選ぶことになる。

　FR搭載を採用するメーカーの代表はBMW及びメルセデスベンツであり、FF横置き搭載しか採用していないメーカーの代表としてはホンダやボルボが挙げられ

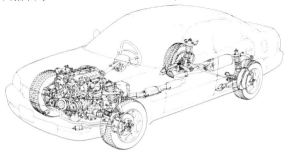

ホンダ・インスパイア搭載直列5気筒エンジン。直列エンジンを縦置きにしたFF車は例外的な存在であり、その後姿を消している。

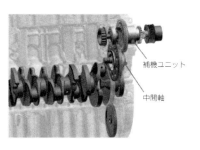

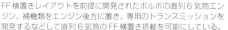

FF 横置きレイアウトを前提に開発されたボルボの直列 6 気筒エン
ジン。補機類をエンジン後方に置き、専用のトランスミッションを
開発するなどして直列 6 気筒の FF 横置き搭載を可能にしている。

る。

　なお、BMWはミニで、メルセデスベンツはAクラスなどでFF横置き搭載を採用して
いるが、いずれも直列4気筒エンジンである。また、ホンダもかつてはFF縦置きで直
列5気筒を採用した車種が見られたが、その後廃止されている。

　くり返しになるが、FR縦置き搭載については、メルセデスベンツは衝突安全性及び
V型8気筒エンジンとの生産設備共用化を狙ってV型6気筒エンジンを採用し、BMWは
エンジンの素性にこだわって直列6気筒エンジンを採用している。メルセデスベンツ
はクルマの合理的なつくりやすさを優先したのに対して、BMWはあくまでもエンジ
ンを含めたクルマの完成度を優先したといえる。

■FF横置き搭載

　一般的にはFF横置き搭載を採用するのであれば、上級車用の6気筒であればV型とい
うのが常識的である。その意味でホンダは常識的にV型6気筒を採用している。かつて
ホンダはレジェンドに90°V型6気筒を採用したが、その後アコードなどには、より一
般的な60°V型を採用している。

　これに対して、ボルボはFF横置き搭載で直列6気筒エンジンを採用しているのが面
白い。なぜ全長が長い直列6気筒エンジンを敢えて横置きに搭載できたのか。

　搭載の工夫にはまず、エンジン前面に補機駆動のためのプーリー類は一切置かず、
トランスミッションも本体をエンジンと並列に置くことで対処している。もちろん、
このためには補機駆動やトランスミッションが特殊な形状となり、通常のダンテジア
コーサタイプのエンジン、トランスミッション直列に比べるとコストは高くなる。し
かし、ボルボは直列エンジンの質感を重要視したことと、エンジン生産設備的にも直
列6気筒のほうがV型6気筒よりもメリットがあると判断したようだ。

　ボルボはもともと直列4気筒、直列5気筒エンジンを同一ラインで生産しており、こ

れに同じモジュールを使った直列6気筒を追加したほうが、まったく新しいV型6気筒エンジンの生産設備をつくるより有利だったのである。もちろん、車両搭載のレイアウトもまったく新規になるV型6気筒よりも、直列5気筒の延長線上の直列6気筒のほうが楽だと判断したのである。

　以上見てきたように、直列6気筒を選ぶかV型6気筒を選ぶかは、そのメーカーの投資や車両づくりの戦略が絡んでおり、単純にエンジンの性能で判断しているわけではない。しかし、質感の上で完成度の高い車両を目指すメーカーは、やはり直列6気筒エンジンを選んでいるということができる。

　一方で、車両の安全性などのために、エンジンに対する軽量コンパクト化の要求は強まるばかりで、直列6気筒エンジンの場合は、技術的にもコスト的にも、それに適応するのがむずかしくなってきている。だから、日産もトヨタも直列6気筒エンジンが姿を消したのだ。それでも直列6気筒エンジンを選択するのは、クルマの走行性能にあくまでもこだわるという、メーカーの特徴を前面に出すことになり、量的拡大を優先するメーカーにとっては考えられないことで、独自の技術を売りものとする少数のメーカーにしかできないことである。

第3章 日本初のV型6気筒VG型エンジンの開発

1. V型6気筒エンジン開発の背景

■V型6気筒誕生の背景

　日産がVG型エンジンを開発する前夜である1970年代後半から1980年代前半の状況を
まず見ておこう。

　長いあいだ小型上級車用エンジンとして日産は直列6気筒L20Aエンジンを使ってき
た。このエンジンはOHCタイプであるものの、吸排気カウンターフロー、ウェッジ型
燃焼室という少々古い形式であった。それでも、スカイラインやセドリックなどの日
産の上級車に搭載されて、ライバルであるトヨタのクラウンやマークⅡと拮抗した存
在であり続けていた。

　1960年代後半に登場して以来、排気対策に追われるなどしたために、L20Aエンジン
は本格的な改良の手が入らなかった。それでも、1970年代後半には半球燃焼室＋吸排
気のクロスフロー化が検討され、改良案が浮上してきた。しかし、時期尚早というこ
とでこの提案が見送られたのは、サニーやチェリーなどの大衆車を強化することが日
産首脳陣の最大の関心事であったからだ。

　当時の販売状況は、トヨタが大衆車や小型車に強く、日産はスカイラインやローレ
ルなど小型上級車のシェアで勝っていた。トヨタ車でエントリーしたユーザーを日産
が小型上級で吸い上げるという、今考えれば理想的な環境だったといえる。しかし、
エントリーユーザーを取り込むことが日産の重要な方針となっていた。実際に、マー
チが登場するなど力が入れられたものの、日産の大衆車のシェアはほとんど上がら

ず、逆に強みであった小型上級車市場のシェアはトヨタがマークⅡなどの商品力を強化することで逆転された。その要因のひとつが、日産のエンジン商品力低下にあると思われる。1980年代にトヨタは新世代エンジンをレーザーエンジンと称してアピールしてきたのだ。

このような市場環境の変化とともに、北米を発端とする排気規制も強化されるなかで、エンジンの基本性能を向上することが、どのメーカーにとっても急務となってきた。日産でも4気筒で一足先にエンジンが一新されつつあった。1981年に発表されたCAエンジンなどがその一例である。

日産エンジン形式の見方

1. 基本的な規則

1) 最初のアルファベット2文字はエンジンファミリーを表す
2) 次に続く数字は排気量（デシリットル）を表す
3) 最後に付けられるアルファベット記号は下に示すそのエンジンのバリエーションを示す

文字	意味
D	DOHC、可変バルブタイミング、筒内噴射
E	電子制御燃料噴射（マルチポイント）仕様
HR	VQエンジンの改良版（高レスポンス、高回転）
i	シングルポイントインジェクション
N	天然ガス仕様
P	LPG仕様
R	スーパーチャージャー付き
S	キャブレター仕様
T	ターボチャージャー付き、以前はツインカブにも使用
TT	ツインターボチャージャー付き
V	可変バルブタイミング＆リフト

2. 主なエンジンファミリー

CA：直列4気筒　1.6リッター、1.8リッター、2リッター
SR：直列4気筒　1.6リッター、1.8リッター、2リッター
RB：直列6気筒　2リッター、2.4リッター、2.5リッター、2.6リッター、3リッター
VG：V型6気筒　2リッター、3リッター、3.3リッター
VQ：V型6気筒　2リッター、2.3リッター、2.5リッター、3リッター、3.5リッター、3.7リッター、4リッター

3. 適用例

VG20E：VG型2リッター　電子制御燃料噴射仕様
VG30DE：VG型3リッター　DOHC電子制御燃料噴射
VQ25DD：VQ型2.5リッター　DOHC筒内噴射
VQ37VHR：VQ型3.7リッター改良型　DOHC可変バルブタイミング＆リフト

このような状況のなかで、1980年3月にライバルであるトヨタから新しく2リッター専用である新しい直列6気筒エンジン1G型が発表された。

この新世代エンジンは新しい販売系列であるVISTA店で扱われるクレスタ(マークⅡ3兄弟の一車種)に搭載された。ドル箱であった小型上級車市場用6気筒エンジンの開発を日産が逡巡しているあいだに、トヨタに先を越されたのであった。追い込まれた日産は、トヨタをリードする方法として、新しいV型6気筒エンジンを開発することにしたのである。

なぜ気筒配列を従来の直列6気筒と決別してV型

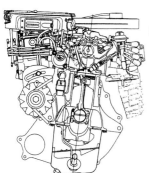

CA18EはL型以降久々の日産の直列4気筒エンジン。2プラグはZエンジンを継承しているが、寸法、重量は大幅に軽減された。

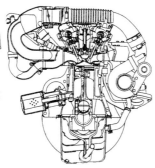

CA18DETはCA18Eエンジンをベースに4バルブDOHC化されて大幅に性能向上を果たした。シリンダーヘッド、燃焼室まわりはRB20DE、VG30DEエンジンと共通に設計されている。

63

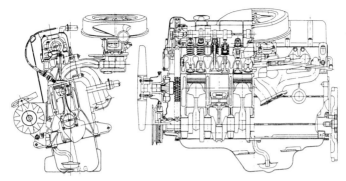

直列6気筒L20Aエンジン。1969年以来14年間日産の6気筒エンジンとして主役であり続けたエンジン。途中ターボ化や軽量化で競争力を上げてきたがついに1983年にその座をVGエンジンに引き継いだ。図はシングルキャブ仕様。

6気筒に宗旨替えすることにしたのだろうか。

　1970年代までの6気筒エンジンといえば、日本では直列式ばかりでスカイライン、ローレルクラス以上の高級車に搭載するエンジンというイメージだった。そのいっぽうで、北米市場では1975年にフォード・ピントに欧州フォード製の60°V型6気筒エン

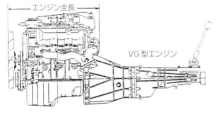

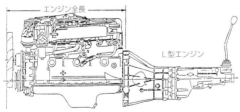

VG型とL20型のエンジン寸法及び重量比較

	全長(mm)	全幅(mm)	全高(mm)	重量(kg)
VG20E	670	640	680	MT:159/AT:153
VG20ET	745	705	680	MT:173/AT:167
VG30E	670	650	680	MT:174/AT:168
L20E	871	593	663	MT:172/AT:165
L20ET	871	659	663	MT:185/AT:178
L28E	871	593	663	AT:186/MT:179

V型6気筒化により、重量で8.5%、パッケージサイズで15%の小型化を実現している。

ジン（FR縦置き）が搭載され、1978年にはGMのシボレー・マリブに90°V型6気筒エンジン（FR縦置き）が搭載されるなど、徐々にV型6気筒エンジンが広がりつつあった。

　また、すでにヨーロッパでは主流となっていたFF横置き搭載のレイアウトが、日本においても1980年代は大衆車や小型車クラスで普及した。サニー、パルサーやブルーバードクラスの車両が続々と従来のFRに代わってFF横置きレイアウトに置き換えられていった。

　このような時代的な変化は、やがてブルーバード以上のクラスもFF化される時代が来ると予感された。また、北米市場ではピックアップトラックの人気が高く、それらのユーザーもやがては4気筒エンジンよりも静かで出力の高い6気

筒エンジンを要望するであろうとみられた。

このような時代背景を読んで、北米、日本ともにFF横置き搭載が可能で、短い4気筒用ボンネットにも収まる6気筒エンジン、つまりV型6気筒エンジンの要求が高まると予想された。

この読みは1981年にGMが新型車Xカー（車名シボレー・サイテーション）にまったく新しい排気量2.8リッターの60°V型6気筒OHVエンジンをFF横置きに搭載してきたことでも裏打ちされた。日産が日本で最初となるV型6気筒のVGエンジンを開発しているときに、

VGエンジン目標性能、企画時（1978年）の比較エンジン及び発表当時(1983年)のライバルエンジン性能比較

	目標性能	比較エンジン	ライバルエンジン
	VG20E	L20E	トヨタ1G-EU
最高出力(ps/rpm)	130/6000	125/6000	125/5400
最大トルク(kgm/rpm)	17.5/4400	17.0/4400	17.5/4400
圧縮比	9.5	8.8	8.8
エンジン重量(kg)	159	193	157

	目標性能	比較エンジン	ライバルエンジン
	VG20ET	L20ET	トヨタM-TEU
最高出力(ps/rpm)	170/6000	145/5600	160/5400
最大トルク(kgm/rpm)	22.0/4000	21.0/3200	23.5/3000
圧縮比	8.0	7.6	7.6
エンジン重量(kg)	173	198	188

	目標性能	比較エンジン	ライバルエンジン
	VG30E	L28E	トヨタ5M-GEU
最高出力(ps/rpm)	180/5200	145/5200	175/5600
最大トルク(kgm/rpm)	25.3/3200	23.0/4000	24.5/4400
圧縮比	9.0	8.3	9.2
エンジン重量(kg)	174	203(軽量化前)	194

註：出力、トルクはJISグロス値、エンジン重量はMTの整備重量

GMで新しいV型6気筒エンジンが登場したのだ。日産ではすぐにこのエンジンを購入、分解調査を実施したといわれている。

日産がV型6気筒エンジンの開発を急いだのは、小型上級及びセドリック/グロリア搭載用のL型エンジンがすでに競争力を失いかけているからでもあった。

もちろん、それまで日本でV型エンジンといえば日産プレジデントやトヨタセンチュリー用のV型8気筒しか存在せず、V型6気筒エンジンをまずセドリック/グロリアに搭載して、それまでの直列6気筒とは違う高級エンジンという謳い文句で売り出そうという目論見があった。

■V型6気筒エンジンの検討

このような経緯で開発に着手したV型6気筒であったが、開発が本格化するのはトヨタの直列6気筒1Gエンジンが発表された1980年代に入ってからである。

エンジン開発チームは、トヨタからはすぐに出てくるはずのないV型6気筒エンジンを登場させる意義は大きいと思っていたが、車両開発チームのほうではそれほどこだわってはいなかった。エンジンが直列であろうがV型であろうが車両に搭載できるならばどちらでもよく、重要視するのはコストと性能であるという見解であった。従来の直列6気筒エンジンで充分に車両に搭載できていたので、エンジンをV型6気筒にしてエンジンがコンパクトになるといっても、そのことであまりメリットを見出してい

ないようだった。逆にV型6気筒にすると音振や出力性能などの項目が悪化する懸念があると、かなり抵抗が大きかったのが実情だったようだ。これは、多分にトヨタの新型1Gエンジンを意識しての意見であった。

それに、まったく新しいV型6気筒エンジンをつくるとなると、生産設備に150億円もの投資が必要になる。しかし、エンジン開発チームではV型6気筒を高級エンジンとして売り込む

日本初のV型6気筒VGエンジンが搭載され、1983年に登場したY30型。上がセドリック・4ドアセダン、下がグロリア・4ドアハードトップ。

ことを提案し、日本初であることもあって、セドリック/グロリアに搭載することに車両開発チームも、次第に積極的に採用することに賛成するようになった。

いっぽう、スカイラインやローレルなど小型上級担当の車両開発チームは、完全バランスの直列6気筒エンジンを搭載してきた伝統があって、V型6気筒を積むことに対する反対は根強かった。そこで、長いあいだ日産のドル箱でもあったことから、L型6気筒に代わる新しい直列6気筒となるRBエンジンも開発されることになった。このような経緯でRBエンジンがVQエンジンに統合される2001年まで、直列6気筒とV型6気筒エンジンは併行して生産されたのである。

前章でみたように、トヨタは高級車は直列6気筒、FF横置き搭載はV型6気筒と棲み分けてきた。しかし、最終的にはV型6気筒一本に統合されてしまったが、これは時代の必然ともいえることであった。高級車FR搭載用、FF搭載用、そしてFR搭載ピックアップ用すべてに共用できるのはV型6気筒で、いち早く開発した日産の方針が先見の明があったといえるであろう。

もっとも、せっかくガソリンV型6気筒エンジンを開発しながらディーゼルは直列6気筒のままであったとか、同じ車両に直列6気筒とV型6気筒を同時に搭載するなど、日産の戦術面で腑に落ちないところもあった。

2. VGエンジン開発のスタート

1979年に開発に着手したVGエンジンは、コンセプトの策定とそのコンセプトに基づくエンジンの基本諸元の検討及びエンジン本体レイアウトが決められた。

コンセプトと目標性能は、以下のように決められた。

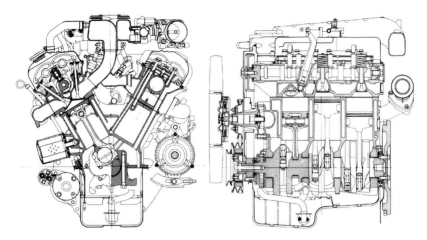

VG30E エンジン断面図。このエンジンは1983年に発表されたVGエンジンのSOHC仕様。当時日産の最高峰エンジンとして開発された。

①従来の直列6気筒に置き換わる高級エンジンとして直列6気筒以上の静粛性を確保する。また、目標性能は従来のL系6気筒の出力性能を上まわることはもちろんのこと、発表時点で世界トップレベルのV型6気筒エンジンであること。

②横置きFF搭載やピックアップトラック搭載を念頭に置き、できる限りV型6気筒であることを生かして軽量・コンパクトな設計とする。

③FR搭載用とFF搭載用は極力部品の共用化を図った設計とする。

④ターボチャージャー装着を想定した本体系の耐久性能を確保する。

⑤メンテナンスフリー化を徹底する。

　北米では燃費規制(CAFE)が1978年から実施されるようになり、企業としての平均燃費を向上することが急務であった。

　その当時から、日本の自動車メーカーにとって北米市場はドル箱といえる存在で、北米で売れ行きが落ちることは重大な問題であった。しかし、かといって燃費のために車両をダウンサイズしたのでは北米ユーザーの嗜好に合わないだけでなく、利益率も悪くなる恐れがあった。

　そのためのブレークスルーとして車両の軽量化、エンジンの燃費素質向上が最優先課題として取り組まれたのである。

　このような時代背景であったので、VGエンジンの開発コンセプトは高出力と並んで燃費向上、軽量・コンパクトであることが高い優先順位に挙げられていたわけだ。

　VGエンジンの基本諸元の検討で、仕様は以下のように決められた。

■排気量系列、ボア・ストローク

　まず重要なのは国内市場であり、Y30セドリック/グロリアへの搭載が考えられた。そうすると、2リッターは議論の余地なく必要であり、さらに普通車クラス用に2.8リッターが必要であった。当時、北米輸出用に設定していたブルーバードL24エンジンの後継として2.4リッターにすることも考慮に入れて、排気量の構成を2リッター、2.4リッター、2.8リッターの3種類に設定された。

　V型エンジンの場合、ボアピッチはクランク系の寸法（ピン幅とジャーナル幅及びウェブの厚さ）で決まってくる。VGエンジンの場合は、2.8リッター仕様のクランクシャフト寸法から検討すると、ボアピッチはどんなにがんばっても108mmにするのが精一杯であったという。

　これでも、直列エンジンなどに比べれば常識はずれといって良いほどにメタル幅は狭い寸法であった。理想をいえば、もっと狭いボアピッチにしたかったが、この時点では物理的に無理だった。これほどのボアピッチであればそれにともなって、大きなボアのエンジンにすることができるので、当然ショートストロークにしたくなるところだ。ロングストロークにしても全長は詰められず、逆にブロックのデッキハイトは高くなるので、エンジン全高が大きくなって好ましくない。

　このような理由で、アウディなど少数の例外を除けば、V型6気筒エンジンはショートストロークになっている。ウォーターポンプをバンク間に置いて横流れで冷却水を循環させることを考えていたので、ボア間に充分な水通路を設ける必要があったが、それでもボア径95mmにすることができる計算だった。しかし、いくら何でも95mmは大きすぎる。

　2リッターと2.4リッターのストロークを共通にし、2.4リッターと2.8リッターのボアを共通にするという考え方で検討した結果、下左の表のように定められた。2リッターと2.8リッターは直列6気筒のL型と同一のボア・ストロークになっている。それは、ストローク／ボア(S/B)比が0.9あたりがほど良いショートストロークで、高性能エンジンでは、この付近が多く使われている。

　しかし、その後2ロット開発時には最大排気量を3リッターに拡大している。それにともない、3リッター仕様ではシリンダーブロックの高さが約24mm上げられている。2リッターのブロック高さではコンロッド長さが短くなりすぎてレイアウトを成立さ

VGエンジン1ロット時排気量系列			
	2リッター	2.4リッター	2.8リッター
排気量(cc)	1998	2429	2753
ボア・ストローク(mm)	78.0×69.7	86.0×69.7	86.0×79.0
ブロック高さ	低	低	高

VGエンジン2ロット時排気量系列			
	2リッター	2.5リッター	3リッター
排気量(cc)	1998	2486	2960
ボア・ストローク(mm)	78.0×69.7	87.0×69.7	87.0×83.0
ブロック高さ	低	低	高

2.4リッター、2.5リッターは系列計画のみで開発はしていない。

せることができなかったという理由があった。

　なお、当初の計画にあった中間排気量の2.4リッターは、実際には開発されなかった。この理由は、VGエンジン発表の1年後に登場した直列6気筒のRBエンジンが、それまでのL24エンジンの主要市場である一般輸出を引き継ぐことになったからだ。スカイラインとローレルには、それまでの伝統を守って引き続き直列6気筒のRBエンジンが搭載されることになったのである。

■バンク角の決定

バンク角はオーソドックスな60°に決定した。やはり振動特性で有利なことが決め手となった。

　V型6気筒エンジンの場合、バンク角は一般的には60°と90°という2種類の選択肢がある。

　60°の場合はバンク間が狭いので吸気系のレイアウトがむずかしく、クランクピンのオフセットが大きいぶん、クランク軸の剛性確保が課題となる。いっぽうで、振動特性では60°のほうが有利である。また、バンク角が狭いぶんエンジンの全幅はコンパクトになる。

　90°バンクの場合はこの関係が逆になる。当時はまだ燃料噴射装置にすべてのエンジンが切り替わっているわけではなく、キャブレター仕様も考慮されたので、90°バンクも捨てがたかったようだ。しかし、最終的には振動特性の有利さを取って60°バンクに決定された。バンク角を90°とすると慣性1次の偶力アンバランスが残ってしまい、Vバンク間にバランサーシャフトを置かなくてはならなくなる。せっかく吸気系のためにバンク間を広く取っても、バランサーシャフトに占領されたのでは、効果半減となってしまうわけだ。

　時代の流れからいって、すでに電子制御燃料噴射が主流になりつつあり、キャブレター仕様は重要な要素ではなかった。事実、VG開発の2次試作からはEGI仕様1種類に統合されている。

■シリンダーヘッドボルト数

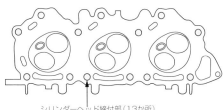

シリンダーヘッド締付部（13か所）

VGエンジンのヘッドボルト配置。図のようにVGエンジンのヘッドボルトは1気筒あたり5本のヘッドボルトで締め付けている。吸気ポートと点火プラグはヘッドボルトをかわすように配置されているのがわかる。

　VGエンジンのシリンダーブロックを見て、誰もが不思議に思うことがある。なぜボアのまわりを5本のシリンダーヘッドボルトが囲んでいるのか。ガソリンエンジンの場合は通常は4本で十分であると考えられたからだ。

　5本にしたのは、開始当時に将来は

ディーゼルエンジンとしても使用することが可能なようにという配慮が働いたからだ。開発チームは4本にしたかったのだが、上司からの強い申し入れによるものであった。これを断ることはできずにやむを得ず5本ヘッドボルトに設計変更したというのが実情だったという。ディーゼルエンジンでは燃焼圧力がガソリンエンジンよりも50％程度高く、ヘッドガスケットからのガス漏れが懸念されたので、5本にする必要があった。しかし、ガソリンエンジンでは、通常4本であるヘッドボルトをわざわざ5本にするのはマイナスの要素が大きいものだ。ヘッドボルトの通るところをよけて吸排気ポートと点火プラグを配置しなくてはならなくなるから、性能に影響の大きいポート形状に制約を与えるなど不利なものとなる。

　しかも、その後にV型6気筒ディーゼルは開発されることがなく、この5本ヘッドボルトはVGエンジンの"盲腸"ともいえるものになった。

　結果論でいえば、5本ボルトにしたことはマイナスであった。あまり確かではない先のことを考えて、今の幸せを犠牲にすることは得策ではないという実例であろう。

3. VGエンジン1次試作

■設計の開始

　上記のような基本諸元の検討を経て、1980年から本格的なプロジェクト開発が始められた。排気量系列は3種類で進められたが、当面は中間排気量エンジンに考慮せずに2リッターと2.8リッターに絞って開発が進められた。また、当面搭載する車両はY30型セドリック/グロリアを想定していたため、FR仕様にすることを前提にしていた。

　基本仕様としては、軽量設計というコンセプトに基づき、アルミ製ハーフスカートシリンダーブロック、タイミングベルト駆動が採用された。

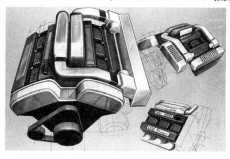

1980年代はエンジンも造形部の手でデザインされた。これは後に開発された VG30DE エンジンのイメージスケッチ。

　エンジン重量を軽くするには、いちばんの重量物であるシリンダーブロックをアルミ化してハーフスカートにするのが得策である。しかし、軽量化には効果的であっても、ハーフスカートの採用は、後に音振で悩まされることになったという。また、メンテナンスフリー化の徹底というコンセプトに基づき、油圧バルブリフターが採用された。

部品共用化を徹底するためには、左右バンクのシリンダーヘッドやカムシャフトを共用化することが効果的で、日産でもこれにチャレンジしたが、うまく行かず、2種類になってしまった。左右のバンクは前後にオフセットしており、このオフセットを吸収して共用化を成立させることは結果的に困難であったからだ。左右共用のシリンダーヘッドを持つV型6気筒エンジンがほとんど世の中には存在しないことがわかり、あきらめがついた。

燃焼室の設計はエンジン性能のためのカギになる部分である。前型であるL型エンジンはウェッジ型燃焼室＋カウンターフローという、当時としてもいささか古い燃焼室だった。このため、燃焼が

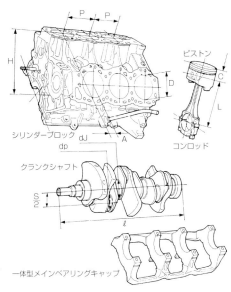

VGエンジン本体系部品。シリンダーブロック、クランクシャフト、ベアリングビームは鋳鉄製。

遅いこともありノッキングに悩まされていた。ノッキングしやすいと圧縮比を上げることができないし、そのわりに点火時期も進めることができないので、高性能を得ることがむずかしい。

VGエンジンでは、これらの問題を解決するために、ペントルーフ燃焼室を採用することにした。このVGエンジンを開発する前に新型4気筒エンジンであるCAエンジンで燃焼室の解析実験を行っていたので、その経験をもとに燃焼室が設計された。CAエンジンでは大量EGR下での急速燃焼を実現するために2プラグ方式を採用している。この燃焼室の実験結果より、点火プラグは吸気バルブ側の燃焼室の中心付近に配置したほうが燃焼が速くなることを確認していた。その後は吸気バルブ側より排気バルブ側の方が燃焼が速いのは常識となっているが、当時はそのような常識がまだなかったのだ。バルブ径の大きい吸気側にプラグを配置するため、レイアウトには少々苦労した。それまではレイアウト上の制約もあ

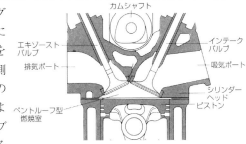

VGエンジン燃焼室。SOHC2バルブながらペントルーフ型燃焼室を採用している。この燃焼室形状はSOHCのRBエンジンと相似設計。

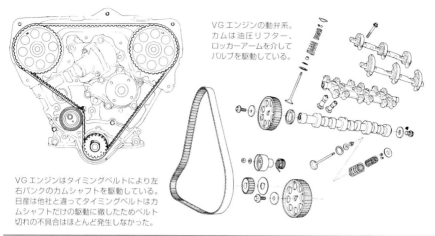

VGエンジンの動弁系。カムは油圧リフター、ロッカーアームを介してバルブを駆動している。

VGエンジンはタイミングベルトにより左右バンクのカムシャフトを駆動している。日産は他社と違ってタイミングベルトはカムシャフトだけの駆動に徹したためベルト切れの不具合はほとんど発生しなかった。

り、点火プラグは排気バルブ側に置くのが当たり前であった。

結果としてCAエンジンの実験から得られたデータをもとに設計して良好な点火特性を得ることができ、とくにターボ仕様の性能向上に寄与した。その後は、DOHC4バルブエンジンが普通になっているので、中央

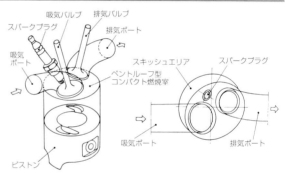

VGエンジンの吸排気ポート配置ではVGエンジンの点火プラグは中央寄り吸気側に配置されている。スキッシュエリアは点火プラグ周辺のガス流動を促進する役目をしている。

に点火プラグが配置されたペントルーフ型燃焼室が当たり前になっているが、まだOHC2バルブが全盛だった当時は、プラグの位置をどうするかは設計上の大きな問題だった。

冷却方式は、VGエンジンではエンジン全長を極力短くするというレイアウト要求から、ウォーターポンプをエンジン前方バンク間に配置し、その後ろに水ギャラリーを設け、各シリンダーに分配するという横流れ方式が採用された。これにより、結果的に各気筒の冷却が均等になり、従来の直列6気筒エンジンのような前方の気筒はよく冷えるがリア側の気筒の冷却が悪くてノッキングしやすいという問題を解消することができた。この横流れギャラリー方式は、RBエンジンの設計にも受け継がれている。

この良好な冷却方式が、燃焼改善にも役立っていることはいうまでもない。

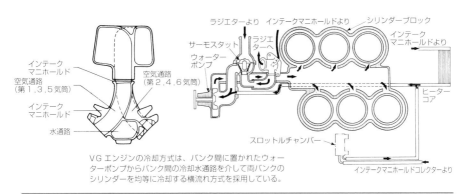

ラジエターより インテークマニホールドより シリンダーブロック

サーモスタット ラジエターへ

インテーク
マニホールドより

ウォーター
ポンプ

インテーク
マニホールド
空気通路
(第1,3,5気筒)

空気通路
(第2,4,6気筒)

ヒーター
コア

インテーク
マニホールド

水通路

スロットルチャンバー

インテークマニホールドコレクターより

VGエンジンの冷却方式は、バンク間に置かれたウォーターポンプからバンク間の冷却水通路を介して両バンクのシリンダーを均等に冷却する横流れ方式を採用している。

　クランクシャフトは、V型6気筒エンジンに限らないが、一般的に鋳造は鍛造よりもコストが安くなる。材料が安いうえに大量生産がしやすいからである。この点を考慮してVGエンジンではクランクシャフトの材質はダクタイル鋳鉄(DCI)が選択された。鋳造品は生産性に優れ、複雑な形状をつくるのに適しているが、スティール鍛造に比べると強度は若干劣る。そのため、後に設定されたDOHC仕様のクランクシャフトでは鍛造製になっている。カウンターウェイトは1番ピン前後と6番ピン前後、そしてセンターウェブに配置する5カウンターウェイトとなっている。

　VGのDOHC仕様では高回転化対応のためにクランクシャフトの材質を鋳鉄から鍛造スチール製に変更している。しかし、鍛造では3番ピンと4番ピンの間のカウンターウェイトの型抜きができないため、カウンターウェイトをボルト止めする組み立てクランクシャフトが採用されている。もちろん、この組み立てクランクシャフトはコストが高くなってしまう。

　吸気マニホールドに関しては、キャブレター仕様とEGI仕様の両方について検討された。1970年代後半は北米や日本市場ではEGI仕様が主流になってきていたが、一般輸出地域では、まだまだキャブレター仕様が主流であったからである。

　キャブレター仕様だとキャブレターをバンクの真ん中に配置して、そこから吸気マニホールドで各気筒に分配することになる。限られたバンクのすきまにレイアウトするから、どうしても真ん中寄りの2気筒に分配する吸気ブランチは両端に比べて短くならざるを得ない。また、両端にある4気筒用の吸気管もそれほど長くすることはできないという欠点があった。吸気ブ

VG30DE用鍛造組立式クランクシャフト。中央のカウンターウェイトは別体でボルトにより取り付けられている。

ランチが短いと、思うような慣性過給効果が得られず、最大トルクや最高出力が直列6気筒に比べて大幅に劣ることになりかねない。やはり、キャブレター仕様では性能に限界があったようだ。

いっぽう、EGI仕様では吸気コレクターをバンク間上方に配置して、そこから吸気管を各気筒に繋げるレイアウトが取られた。このレイアウトであれば、各気筒の吸気管長さは等長になるが、吸気管の絶対長さが足りなくなるので、最大トルクは自由度の大きい直列6気筒並に得ることがむずかしい。そのため、何らかの工夫が必要であったが、この時点では良いアイデアが浮かばなかった。

■各種の実験

排気量は2リッターと2.8リッターの2種類のエンジンが試作されたが、機能実験や耐久試験は、主として2.8リッター仕様で行われ、性能試験は2リッターと2.8リッターの両方で実施されている。

アルミシリンダーブロックは、VQエンジンのようなプレッシャーダイキャストではなく、グラビティ（重力鋳造）で、水ジャケット中子を使うタイプで開発された。このVGとほぼ同時期に開発を始めている直列4気筒マーチ用MA10エンジンでは、生産性を考慮してプレッシャーダイキャスト製法で生産できるオープンデッキタイプの採用が決められていたが、ボア径の大きいVGエンジンでうまく開発できるかどうか、開発チームはまだ自信がなかったようだ。後のVQエンジンでは、技術開発が進んでプレッシャーダイキャスト製法が採用されている。

試作エンジンで起こった重大なトラブルは、シリンダーブロックのバルクヘッドの破損、コンロッドメタルの摩耗、排気連通管の破損、それに音振問題などであった。

直列4気筒マーチ用MA10エンジンのアルミ合金のシリンダーブロック。生産性を考慮してプレッシャーダイキャスト製法で生産できるオープンデッキタイプが採用されている。

シリンダーブロックが耐久試験でトラブルを発生するのは大問題といえる。クランクシャフトを支えているバルクヘッドが、ロアデッキから外れ落ちてしまった。この問題はバルクヘッド肉厚を厚くしたり、隅Rを大きくして応力集中を避けることなどで対応されたものの、最終的には2次試作から鋳鉄ブロックに変更したことで解決がみ

MAエンジンベアリングビーム。1リッターエンジンであるMAはシリンダーブロック、ベアリングビームともアルミ製。

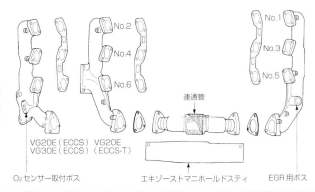

VGエンジンの排気系部品。VGエンジンの右バンク排気マニホールドはエンジンリア側の連通管を通して左バンクの排気と合流する。

No.2　No.4　No.6
No.1　No.3　No.5

連通管

VG20E（ECCS）　VG20E
VG30E（ECCS）（ECCS-T）

O₂センサー取付ボス

エキゾーストマニホールドスティ

EGR用ボス

られた。

　コンロッドメタルの摩耗は、全長をできるだけ詰めるという発想からメタルの幅はぎりぎりまで狭く設計されていたことも原因のひとつだった。60°V型6気筒エンジンでは、メタル幅がエンジン全長を決めているからである。このメタル幅が狭いこともあり、耐久実験ではコンロッドメタルの摩耗に悩まされた。従来のケルメットメタルではクランクシャフトのピンに負けてしまうのである。

　この問題は、コンロッドメタルのアルミ材を使うことで対策することができた。今ではこれも常識であるが、加工されたDCI材の表面は鋳鉄に含まれる炭素粒が脱落してカミソリの歯のようにぎざぎざしていて、ケルメット材のような柔らかい材質では運転中にどんどんと削られてしまうのである。DCIには硬い材質であるハイシリコン・アルミメタルのほうが相性が良い。アルミメタルに含まれる珪素が砥石の役目をして、クランクピン表面を削り込んで滑らかにすることで摩耗を防ぐことができる。要するに、材料は相性が大切なのである。ちなみに、スチールクランクには切り子など硬い異物を埋没する能力の高いケルメット材が向いている。

　V型6気筒エンジンでは、左右バンク外側から排気が出てくるが、これをまとめて左サイドから排気を出すために、左右の排気を繋ぐ連通管が設定された。この連通管は、シリンダーヘッドのすぐ後ろに配置されている。

　耐久実験で、この連通管が膨張して排気管を壊したり、ガス漏れを起こすトラブルが発生した。熱膨張しないようにするにはどうしたらよいか。その答えは案外身近にあった。排気マニホールドとフロントチューブの繋ぎ部に使われているフレキシブルチューブである。このフレキシブルチューブは鉄線を編んでつくられており、加速や減速時にエンジンがロールしてもフロントチューブを破損しないように使われている。このフレキシブル管を連通管にも使うことで解決された。しかし、フレキシブル管はコストが高いので、原価的には頭の痛い問題であった。

VGエンジンを搭載するトップバッターは日産の高級車であるY30型セドリックであることから、何よりもエンジンの静粛性が求められる。しかし、1次試作エンジンは期待に反して音がうるさかった。

VGエンジンに装着されたベアリングビーム。これによりクランクシャフトからの振動を抑え込むことに成功した。

放射音に関しては、シリンダーブロックの補強などで対策されたが、車室内に聞こえてくるゴロゴロいう音(ゴロ音と呼んでいる)の対策には苦労した。これはCAなどを含めた軽量設計のエンジンに共通する問題であった。

ゴロ音発生のメカニズムは以下の通りである。

燃焼圧によりピストンを押す力がコンロッドを経由してクランクシャフトに伝わる。すると、クランクシャフトを撓ませる力によりフライホィールが振れまわり、クラッチを経由して車室内の固体に伝播してゴロ音を発生させる。クランクシャフトを補強し、MAエンジンと同じベアリングビームを採用することで、抑え込むことに成功した。

設計時にすでに予想されていたが、問題となったのは、自然吸気仕様でトルクが思ったように出ないことだった。吸気マニホールドが短くしかできないことから、トルクが出ないのは当然といえば当然であったが、エンジンの実用性でみた場合、トルク不足は性能的に大きなつまずきであった。北米ですでに売り出されている、バンク角の広い90°V型6気筒エンジンですら、直列6気筒に比べるとトルクが劣っているのであるから、吸気マニホールドの長さに制約の大きい60°V型6気筒ではなおさらである。この問題は2次試作に持ち越された。

4. VGエンジン2次試作

■基本諸元の見直しと設計変更

1次試作の段階ではVGの最大排気量は2.8リッターであった。2次試作に入るところで、この排気量を3リッターに上げることが決められた。1981年にトヨタが2.8リッターDOHC直列6気筒5M-GEUエンジンを出してきたので、それを排気量で凌駕することと、ヨーロッパおよび北米市場での競争力を優位に保つための変更であった。

排気量の変更は、部品の設計をやり直さなくてはならないが、シリンダーブロックの材質をアルミから鋳鉄に変更することになったので、どちらにせよ耐久確認は最初からやり直すことになるから、開発の工程でいえば違いが少なかったという事情もあった。

・シリンダーブロックの材質変更

　すでに述べたとおりVGエンジンの1次試作はアルミシリンダーブロックで開発が進められた。しかし、2次試作から急遽鋳鉄ブロックに戻すことになったのだ。1次試作でメインベアリング支持部とロアデッキを繋ぐ壁（バルクヘッド）の強度に問題があったが、それが理由ではなかった。この問題はバルクヘッドの厚さを増したり、隅Rを大きくして応力集中を減らすことで、解決する目処が立っていたからである。

　シリンダーブロックの材質をアルミから鋳鉄に替えることになったのは、アルミの地金価格の高騰であった。1978年のイラン革命に端を発した第二次オイルショックによる原油の大幅な値上がりの影響で、アルミ地金の市況が急騰し、原価的に成り立たなくなるほどだった。アルミ地金は電気精錬でつくられるので、そのときどきの石油の価格にリンクしているのである。この変更にともなって、エンジン排気量も2.8リッターから3リッターに拡大されることになったわけだ。

・排気量変更にともなうブロック高さの変更

　排気量を2.8リッターから3リッターに上げるには、シリンダーブロック高さを変更するという、大きな諸元変更が行われた。3リッターにするためにストロークは83mmに延ばされるが、こうなると実際には、2リッターと共通のブロック高さではコンロッド長さが短くなりすぎてしまう。

　こうなると、コンロッドがシリンダーの下端と干渉する恐れもあった。また、コンロッドが短いとピストンがシリンダー側壁から受けるサイドフォースが大きくなって、フリクションが増えてしまうのだ。

・吸気マニホールド

　60°V型6気筒エンジンでは、吸気ブランチの長さを理想的長さにすることがむずかしく、低速から最大トルクのところまでのトルクの大きさが直列6気筒に比べると見劣りしてしまう問題に対処する必要があった。

　そこで、車両に搭載できる目処はなかったが、試しに長い吸気マニホールドをつくって左右バンク別々の吸気コレクターを取り付けて台上でテストした結果、驚くほど低速トルクが出た。

　しかし、そのままで車両に搭載することはできないので、解決法が模索された。そこで出てきたのが、吸気コレクターに中仕

VG30Eエンジン。開発当初は2.8リッターだったが、3リッターまで拡大されたもの。エンジン本体が非常にコンパクトなため、PSポンプやエアコンプレッサーなど補機の張り出しが気になる。

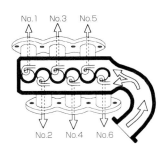

No.1　No.3　No.5

No.2　No.4　No.6

VGエンジンサイアミーズ吸気コレクター。バンク間に置かれた吸気コレクターの内部を壁で仕切って左右バンクのコレクターを独立させることにより低中速トルクを向上することができた。VG-DOHCではその仕切を開閉式にすることで高速出力を犠牲にすることなく中低速トルクを向上させることができた。

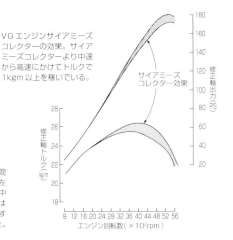

VGエンジンサイアミーズコレクターの効果。サイアミーズコレクターより中速から高速にかけてトルクで1kgm以上を稼いでいる。

サイアミーズコレクター効果

修正軸出力(PS)

修正軸トルク(kgm)

エンジン回転数(×10²rpm)

切を入れて左右バンクのコレクターを分けるというアイデアだった。実質的に長い吸気管を使ったことと同じ効果があり、低速から最大トルクまでアップすることができる。これをサイアミーズコレクターと名付けて2次試作エンジンで採用された。

　このサイアミーズコレクターは、後にVG30DEでも改良して使われている。上記サイアミーズコレクターの仕切を可変式にすれば、仕切を閉じると長いブランチ相当、仕切を開くと短いブランチ相当という可変吸気システムが出来上がるのである。

　このサイアミーズコレクターの考案により、開発初期からの懸案であった低速トルクから最大トルクまでのトルクが大きくないという問題を解決することができたことは、VGエンジン開発のなかでも、大きなブレークスルーとなった。

　いっぽうで、最高出力に関してはV型6気筒の得意とするところであり、目標性能達成は問題なかった。

　また、ターボ仕様のVG20ETエンジンも重いセドリックを活発に走らせるのに充分な性能を持っており、日本で最初にターボエンジンの実用化を果たした日産は、L20ETからの技術を生かしている。

■ターボ仕様エンジンの開発

　VGエンジンでは当初から高性能版としてターボ仕様を考えていた。1979年にセドリック/グロリアに初めてL20Aターボエンジンを採用して以来、日産はターボチャージャーを高性能化の切り札としていた。北米輸出用のフェアレディZ(HS130)にもターボ仕様のL28ETエンジンを搭載して、その高性能さで販売が好調であった。

　当然L型の後継であるVGエンジンでも、ターボを搭載するのが開発の前提となって

いた。自然吸気V型6気筒エンジンでは吸気系の長さを充分に取れないことでトルクを上げることに悩んでいたが、ターボ仕様では過給するため、そのような問題にはあまり悩まされなかった。

レイアウト上苦労したのは、排気マニホールドからターボまでの配管であった。V型6気筒エンジンは排気が両バンクから出てくるが、シングルターボでは片バンクの排気を逆側に持って行かなければならない。VGエンジンの場合は、右バンクの排気をエンジンのリア側を通して左バンクに配置するターボまで持っていくレイアウトになっている。この場合、配管の長い右バンク側の排気が冷えて、ターボの効率が多少悪くなってしまうのである。

L20ETエンジンの場合、圧縮比が低いためターボが効き出す前のトルクが細い上に、ターボのレスポンスが良くないので、アクセルに対する応答性が良くないという欠点があった。ターボエンジンが市場に出てきてしばらくは、そのレスポンスの悪さがターボらしさとして受け入れられていたが、ターボが普及するにつれて、このタイムラグはユーザーから不満の声として上がってきた。このターボ特有の問題解決のために、VGエンジンでは圧縮比を上げてターボが効き出す前のトルクをアップしたり、ターボを内製化して仕様見直し(タービンサイズ、A/R選定など)によるレスポンス改善を行った。

その結果、L20ETエンジンに比べるとレスポンスは格段に良くなったが、重量の重いセドリック/グロリアを低速でストレスなく走らせるというところまではむずかしかった。いったんターボが効いてしまえばその加速はすばらしいのだが、これから後はタ

 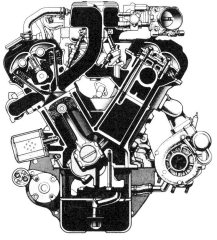

VG20ETジェットターボ。可変ノズルタービン採用により低速からのレスポンス改善が図られた。従来のエンジンに比べて10ps/0.5kgmの出力アップを実現している。

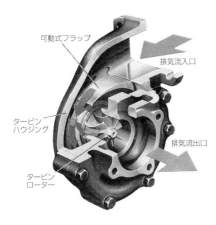

可動式フラップ

排気流入口

タービン
ハウジング

排気流出口

タービン
ローター

エンジン回転速度や負荷に応じてA/Rを
0.21から0.77まで変化させて過給特性
を電子制御で可変コントロールしている。

フェンス部

ジェットターボの作動。左はフラップを閉じてA/Rを小さく
している。右はフラップを全開にしてA/Rを大きくしている。

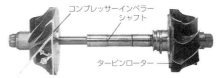

コンプレッサーインペラー
シャフト

タービンローター

バックワードアングル

イムラグをなくすことがターボエンジンの最大の課題となった。

　このターボレスポンスを改善するために、日産はジェットターボと称する可変A/Rターボを開発して、1984年に市場投入した。

　A/Rというのは排気タービンのノズル断面積Aとタービン中心までの距離Rの比を表し、この数字が大きいほど高速型となる。ジェットターボでは可変ノズルにより低速ではA/Rを小さくし、高速では大きくすることでレスポンスと高速での出力の両立を図った。

　A/Rを小さくすることで、ターボの効果が出てくるインターセプト回転速度を低くして、素早く最大ブーストに持っていき、その後はA/Rを大きくしてタービンの背圧を下げてタービン効率を良くすることで高出力を得るというコンセプトである。

　しかし、実際には可変フラップにすることでタービン効率が下がってしまい、またA/Rを小さくすると背圧が上がりすぎてタービンレスポンスが思ったほど良くならないなどの理由で、狙った効果を100%発揮することはできなかった。

　このジェットターボの後、国産メーカー各社で可変ターボに挑戦しているが、ほとんど失敗に終わっている。可変ターボは頭で考えるほど簡単ではなかったのである。後に、ポルシェなどが採用している可変ジオメトリーターボで、ようやくものになったという印象である。

■問題点の解決

　以上のように、1次試作で問題になったところは、次の試作でほとんど解決するこ

とができた。だからといって、まったく
問題がなくなったわけではない。組み上
がったエンジンの実験では、吸気マニ
ホールドガスケットの水漏れが発生する
というトラブルがあった。

VG20エンジンのシリンダーヘッド。燃焼
の遅い吸気プラグ側に点火プラグとスキッ
シュを配置して燃焼改善を図っている。

　この対策にはかなり苦労した。水通路
は吸気マニホールド一体構造で、スタッ
ドボルトで左右のシリンダーヘッドに取
り付けられている。吸気マニホールドガ
スケットは吸気通路と温水通路の孔が設
けられている。

　水ポンプから送られた冷却水は、シリンダーブロック、シリンダーヘッドを冷却
したあと、この通路を通してラジエターへと戻されるようになっている。

　組み付け時は常温できちっとガスケットが組み付けられるが、エンジンが暖機され
ると、シリンダーブロックとシリンダーヘッドが熱膨張によって、シリンダー軸方向
に動く。

　左右両バンクで同じ現象が起こるので、そのあいだに置かれた吸気マニホールドは
股裂き状態になり、ガスケットのシール面圧が低下することが原因でガスケット部分
から水が漏れることがわかった。その対策として、ガスケットの材質をいろいろ変え
て試してみても、水漏れが収まる気配がなかった。最後にたどり着いたのが、Oリン
グ入りスチールガスケットだった。Oリングの弾性を使って、多少シリンダーヘッド
と吸気マニホールドが相対運動したりシール面圧が下がっても、シール性を保つよう
にして解決された。

　このほかにも、タイミングベルト
の異音（クークー音）や油圧リフター
のエア混入による打音、旋回時オイ
ルストレーナーからのエア吸い、シ
リンダーヘッドを通した動弁系の放
射音、シリンダーヘッドをブロック
に組み付けるときの歪みによるカム
シャフトの回転渋りなど、数多くの
問題に遭遇したが、新しいエンジン
の開発では、こうしたトラブルの発
生は避けられないことであろう。地

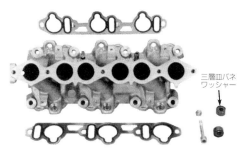

VGエンジンのインテークマニホールドとそのガスケット。水漏
れ対策のためにOリング入りスチールガスケットを採用した。

道に一つ一つ潰すことで信頼性を高めていくしかない。むしろ、致命的でないトラブルが出ることで、エンジンの完成度が高められるといえるのかもしれない。

エンジン重量に関しては、ほぼ目標値に近い値で完成させることができたが、それでも、トヨタから発表された2リッター専用の直列6気筒1G-EUエンジンにわずかに及ばなかった。軽量化は、エンジンにとって常にチャレンジングな課題であり、日産のエンジン開発にとっても重要なものであった。

■デビューおよびVG30ETの開発

VGエンジンは、1983年6月に当初の予定通りフルモデルチェンジされたV30セドリック/グロリアに搭載されて発売された。搭載されたエンジンはVG20E、VG20ET、VG30Eの3機種である。これにより、それまでの鈍重なイメージのあったセドリック/グロリアは一新して、軽快な走りを実現させた。日産でも日本初のV型6気筒エンジンとしてPRし、それが高級エンジンであることをアピールし、その評価を定着させることができた。

VG20Eは経済性の良さをアピールし、ターボエンジンであるVG20ETは、スポーティな味付けのクルマとし、VG30Eは、大きなトルクの余裕のあるクルマとして、それぞれ棲み分けがなされた。

この後すぐ、VGエンジンはモデルチェンジしたフェアレディZ(Z31)にも搭載されている。フェアレディZにはVG20ET、VG30ETの2機種が採用されている。日本初の3リッターのターボエンジンのVG30ETは、このときから登場したものだ。

Z31型フェアレディZは、旧型のスタイルを受け継いでロングノーズだったので、V型6気筒エンジンを搭載したスポーツカーというイメージはあまり湧かなかった。しかし、VG30ETエンジンは230ps/34.0kgmの圧倒的な出力/トルクを発揮、フェアレディ

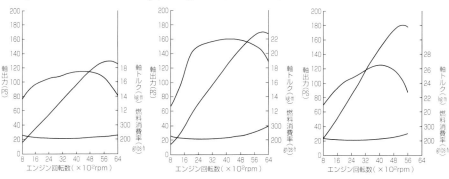

1983年に登場した際にVG型エンジンは3種類が用意された。左端が経済性を優先したVG20Eの性能曲線で、中央がトルクの増大を図ったターボ仕様の2リッターVG20ET型、そして右が3リッターのVG30E型である。

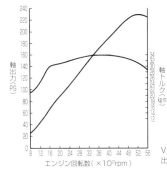

1983年に発表のVG30ETエンジンが搭載されたZ31型フェアレディZ。3リッターのターボエンジンはこれが日本で最初であった。伝統的なロングノーズスタイルで、後にはRB20DETも搭載されている。

VG30ETエンジンの性能曲線。当時、最高出力が230psというのは驚異的だった。

Zは高性能スポーツカーのイメージを強めた。このVG30ETが火をつけた形で、それまで以上の高出力化競争が始まったといえるであろう。

　VGエンジンは高級エンジンのイメージに加えて、スポーティなエンジンというイメージをも確立することができた。

　このようにして日本初の量産V型エンジンとして誕生したVGエンジンの特徴を要約すると、

・60°V型6気筒鋳鉄製シリンダーブロック。
・SOHC 2バルブペントルーフ燃焼室、吸気側点火プラグ配置。
・油圧バルブリフター付き、カム駆動はタイミングベルト。
というのが主要仕様であった。

■FF車へのVGエンジンの搭載

　このVGエンジンは、企画当初からFF横置き搭載をも考慮して、そのパッケージングや重量の目標値を定め、コンパクト化を意識して開発されている。

　FF横置き搭載は、1988年にモデルチェンジされた輸出を主体とするマキシマからである。それまでのFR搭載のL24EエンジンからFFに替わり、エンジンもVG30Eに替えられている。

　シリンダーブロックやシリンダーヘッドの基本仕様は従来のFR仕様と同じであるが、搭載関係を中心に変更が加えられている。シリンダーブロックでは、FF搭載用エンジンマウント用のボスやドライブシャフトを支持するためのボスが追加されている。シリンダーヘッドは補機配置変更にともない、補機ブラケット取り付けのボスが変更された。オイルパンも、FF搭載に合わせて形状変更されている。

　吸気系はFR用とレイアウトが変更されて、FF搭載でリア側になる右バンク上に吸気コレクターが配置された。排気レイアウトは車両フロント側にある左バンクの排気管をオイルパンの下を潜らせてリアサイドに持ってきてから、右バンクの排気管と合流

83

させている。3リッター6気筒エンジ
ンでありながら、重量は175kgと軽量
に仕上がっており、FFにしてはそれ
ほど前輪荷重が大きくならず、バラ
ンスの良い車両に仕上げられている
ということができよう。

　エンジンの味付けは北米市場を意
識して、最高出力よりも低速〜中速
のトルクの大きさを優先したものに
なっている。この結果、エンジンの
レスポンスも良く、低速トルクが大

1984年にマキシマに搭載されたVG30Eエンジン。
縦置きFRから横置きFFへの車載条件の変更にともな
い、吸気系のレイアウトが大幅に変わっている。

きいのでスポーティに走るようになり、北米のユーザーに広く受け入れられたといえ
る。最盛期には月に約1万台の販売を記録しており、フェアレディZと並んで、この時
代の日産の北米市場における稼ぎ頭の1台となっている。

5. VG型エンジンのDOHC仕様開発

　発売当初はV型6気筒エンジンの高性能が受け入れられて、VGエンジン搭載車は好
調な販売を維持したが、1980年代中盤にかけて日本市場ではDOHCブームがにわかに
わき起こってきていた。トヨタが新世代エンジンとしてレーザーエンジン路線を打ち
出し、量産化によるDOHCエンジンの大衆化を図ってきたのである。そうなると、日
産のフラッグシップであったVGエンジンも対抗上からもOHCのままでは不利となり、
DOHC化の計画が急がれた。

　それまで、日産は、DOHCエンジンは特別な高性能エンジンという意識を持ってい
た。古くは初代スカイラインGT-Rに搭載したS20エンジン、そして6代目スカイライン
RSに搭載したFJ20エンジンがその例である。DOHCエンジンはスカイラインやフェア
レディZなどのスポーティカーの最強バージョンとして君臨しており、シリンダーブ
ロック、シリンダーヘッドは当然のこと、吸排気系部品までDOHC専用の部品とな

SOHCとDOHCエンジンの重量比較例						
	VG系		RB系		CA系	
	VG30E (SOHC)	VG30DE (DOHC)	RB20E (SOHC)	RB20DE (DOHC)	CA18ET (SOHC)	CA18DET (DOHC)
重量(kg)	174	214	164	179	130	141
増加代(%)	23		9		8	

RB系、CA系に比べ、VG系
のDOHCエンジンが大幅に
重くなっているのがわかる。

1980年代日産主要DOHCエンジンのバルブ仕様

	VG30DE	RB20DE	RB25DE	RB26DETT	CA16DE	CA18DET
ボア径(mm)	87	78	86	86	78	83
吸気バルブ径(mm)	34	30	34	34.5	31	32
排気バルブ径(mm)	29.5	26.5	29	30	28	28
ステム径(mm)　吸/排	6/6	6/6	6/6	6/7＊	6/6	6/6

＊：RB26DETTの排気バルブはナトリウム封入。

り、高性能であるがゆえに少量生産が常識であるという認識が社内に共有化されていた。ところが、トヨタは2リッター直列6気筒1G-GEや直列4気筒3S-GEなどに代表されるDOHCエンジンの大衆化を図ってきたのである。専用のエンジンではなく、シリンダーブロックは従来のSOHCエンジンのものを流用してシリンダーヘッドから上を

DOHC仕様に変更するという、従来のDOHCとは違ってコスト削減が図られて大量生産されるものであった。これによりDOHCエンジン搭載車であっても従来の車両価格を大幅に引き上げることがなかった。しかも、当時の日産DOHCであるFJ20Eエンジンの150psに対して1G-GEは160psと性能的にも勝っていた。新しく打ち出したトヨタのエンジン路線は見事にユーザーの心を捉え、これ以降、実用車も含めて日本では乗用車用エンジンはDOHCでなくては通用しなくなったのである。

　トヨタがレーザーαシリーズとして直列4気筒の4A型（1.6リッター）、1S型（2リッター）そして直列6気筒の1G-GE型とスポーティエンジンをフルラインDOHC4バルブで揃えてきたことにより、日産としても大急ぎで対抗策の検討が迫られたわけだが、すぐにDOHCエンジンを開発するしか対応の仕方がなかったのだ。

VG-DOHCはFF搭載を考慮せず、FR専用として開発された。このエンジンの開発に着手した1982年当時は、FF用にはSOHCで充分と考えていたことや、とにかくVG-DOHCを立派に仕立てることで頭が一杯であったためである。

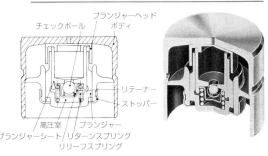

直動式油圧バルブリフター。油圧により常にバルブクリアランスをゼロに保ち、バルブクリアランスのメンテナンスフリー化および騒音低減が図られている。

その前から日産でも、CAやRBエンジンのDOHC仕様が検討されていたが、レーザーエンジンへの対抗上、より燃費を意識した仕様に路線変更された。

　VGのDOHC仕様は1986年2月にレパードに搭載して世の中に送り出された。このエンジンは直列4気筒のCAのDOHC、直列6気筒RBのDOHC仕様とほぼ同時期に開発されている。つまり、これら3エンジンのDOHC化構想は3機種同時に立案しているということだ。

　具体的にそれぞれ発展型としてDOHC仕様を設定するという開発方針が決められたのである。その狙いは、

①高性能だけではなく燃費と高性能の高いバランスを狙った仕様とする。

②SOHCとDOHCエンジンを同じ車両にバリエーションとして設定する。

③最強仕様としてDOHC＋ターボを設定する。

というものであった。

　また、新DOHCシリンダーヘッドエンジンのコンセプトは以下のとおりである。

①燃焼室をコンパクトにつくるためバルブ挟み角は46°とする。

②燃焼室は4バルブペントルーフの中央点火とする。

③小型直動油圧バルブリフターを採用する。

④ピストン冠面をフラットまたはフラットに近くしてS/V比を小さくする。

　このシリーズで直列4気筒のCA16DEとCA18DET、直列6気筒のRB20DE・RB20DET・RB26DETT、V型6気筒のVG30DE・VG30DET・VG30DETTの計8機種がDOHCエンジンとして設計されている。

　1980年代後半になると、もはやDOHCが標準エンジンとしてSOHCに取って代わり、標準仕様SOHC、高性能仕様がDOHCというコンセプトも終わりを告げるときがきた。

■DOHCエンジンの仕様

　それでは、VG30DEエンジンの開発を具体的にみてみよう。

・主運動系

　最初に開発されたDOHCエンジンはNA仕様であったが、本体系についてはツインターボまで念頭に置いて開発が進められている。メタル幅の狭いV型6気筒エンジンでは、出力を上げていくとメインジャーナルやクランクピンのメタル面圧が苦しくなっていくが、VGエンジンは当初の設計時よりもメタル材質やオイルが進化したこともあり、VGエンジンオリジナルのクラン

スチールストラット

オートサーマティックピストン。運転時はストラットがつっぱることでピストンを真円に近く保ち、ピストンのガタつきによる騒音を防止している。

ジャーナル径63mm、クランクピン径50mmのままで設計されている。

　もっとも、後に設計されたVQ30DEはジャーナル径は60mm、ピン径は50mmであり、それほど余裕があったわけではないことがわかる。

　主要寸法は変更していないが、DOHC化にあたって、クランクシャフトの材料は、従来の鋳鉄からスチールへと変更されて、材料の強度アップが織り込まれている。しかし、5カウンターウェイトの形状は鋳造ではつくれても鍛造では2方向からしか打てないの

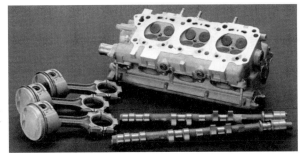

VG30DE エンジンの本体系と主運動部品。

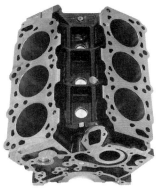

DOHCとなったVG30DEのシリンダーブロック。シリンダーブロックのバルブ間に太いリブを設けて運転時のねじり防止が図られている。またヘッドボルトも5本から4本に変更されている。

で成型することができず、真ん中のカウンターウェイトについては後からボルト締めにした組立てクランクシャフトとしている（73頁写真参照）。

　コンロッドは主要寸法は変更していないが、出力増大に対応した設計変更が行われている。

　ピストンはサーマルフロータイプからオートサーマティック（ストラット入り）に変更され、ピストンクリアランスが減少し、高級車に搭載することを意識して静粛性に配慮されている。

・本体系および動弁系

　シリンダーブロックはVG型をベースにしているものの、全面的に設計変更されている。まずはシリンダーヘッドボルト配置が、従来の1気筒あたり5本から一般的な4本に減らされている。5本配置のままで

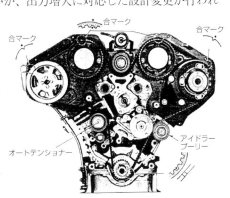

VG30DEのカム駆動方式。可変バルブタイミングNVCSが採用されている。

NVCS。日産がVG30DEエンジンで採用したバルブタイミングコントロールシステム。吸気カムの位相を20°ずらすことができ、低速トルクと高速出力の両立を図ることができる。

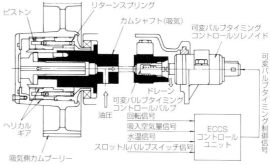

吸気カムシャフトとカムタイミングプーリーを同軸上で油圧により回転させて位相差を生じさせることで吸気バルブタイミングを可変にしている。アイドル回転時と高速においては吸気バルブの閉時期を遅くし、低中速・高負荷時には吸気バルブの閉時期を速くしている。

ピストン　リターンスプリング　カムシャフト(吸気)　可変バルブタイミングコントロールソレノイド

ヘリカルギア

吸気側カムプーリー

ドレーン

可変バルブタイミングコントロールバルブ

油圧

回転信号
吸入空気量信号
水温信号
スロットルバルブスイッチ信号

ECCSコントロールユニット

可変バルブタイミング制御信号

●高速域・高負荷時
●低負荷域
(制御信号 OFF)

●低中速域・高負荷時
(制御信号 ON)

中低速・高負荷では吸気カム閉じタイミングを早めた方が発生トルクが高く、逆に高速では閉じタイミングが遅い方が発生出力が高い。また、アイドル時は吸気閉じタイミングを遅くしてバルブオーバーラップを小さくした方がアイドル安定が良くなる。このような運転条件により要求の異なる吸気バルブタイミングを可変システムにより両立させることができる。

は4バルブのシリンダーヘッドが成立しないからである。

　増大した出力を受け止め、しかも発生する振動に対処するため、バンク間には太いリブが縦横にはわせられている。このリブで両バンクのねじれを防いでいる。このDOHCエンジンのシリンダーヘッドレイアウトは、主要寸法であるバルブ挟み角はシリーズ共通の46°に設定されているが、吸排気バルブ径などはボア径の違いもあって、それぞれのエンジンで別々のサイズに決められている。このVGエンジンではボア径が87mmと大きいこともあって吸気バルブ径34mm、排気バルブ径29.5mmと比較的大径になっている。吸気バルブ傘径34mmに対してステム径は6mmとなっており、当時としては大きな傘径に対してかなり細めになっている。

・動弁駆動系

　吸気バルブ側に日産では初めてであるNVCS(可変バルブタイミング制御)が採用された。低速では吸気バルブの開閉タイミングを早めて低速トルクを向上させ、高速高負荷時には開閉タイミングを遅らせて高速での吸入空気量を増加させて高速出力を向上させている。この制御は油圧で行い、変換角はクランク角度で20°としている。吸気タイミングを20°ずらせれば、ほぼ低速の要求と高速の要求をカバーすることができる。

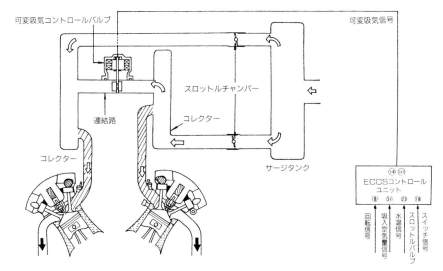

VG30DEに採用された日産NICSシステム。低速ではツインコレクターとして、共鳴効果を生か
し、高速では二つのコレクターを繋げてひとつのコレクターとして慣性過給効果を発揮させる。

・吸排気系

　VG30Eで採用したサイアミーズ型吸気コレクターを発展させたツインスロット
ル、ツイン吸気コレクターが採用されている。この両バンク用の吸気コレクターは
バンク間に平行に配置され、高速時にはパワーバルブを開いて連通させている。低
速時は長い吸気管から吸入することで低速トルクを増し、高速時は両バンクのコレ
クターが導通するので容量が大きいコレクターとして働き、吸気抵抗が低減して高
速の出力を増大させている。これはNICS（可変吸気システム）と称された。

・点火系

　各気筒の点火時期を気筒別に制御する気筒別燃焼制御システムを採用している。こ
れは量産車としては世界で初めて採用された技術だった。
各気筒の点火プラグ座に配置した6個の圧電式ノックセン
サーにより各気筒別にノッキング検出を行い、その結果を
各気筒ごとにフィードバックして最適な点火時期に制御す
る。同じエンジンでも気筒ごとに圧縮比のばらつきや混合
比のばらつき、燃焼状態のばらつきなどで最適点火時期は
一定ではないからである。従来はいちばん厳しい気筒に合
わせて点火時期を制御していたため出力的に損をしていた
が、このシステムにより最適制御に一歩近づいた。

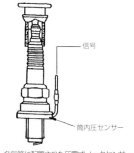

各気筒に配置された圧電式ノックセンサー。

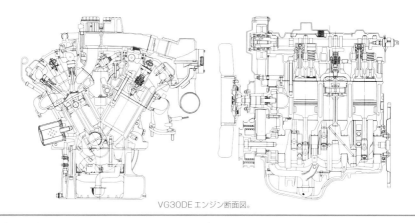

VG30DEエンジン断面図。

　また、従来のシリンダーブロックに取り付けるタイプのノックセンサーでは、バルブの着座時のノイズなどにより5000rpm以上の高回転での正確な制御は不可能であったが、このシステムでは6000rpm以上まで正確なノック判定が可能になっている。

　この気筒別燃焼制御システムは日産の誇る技術であり、日産のレース用エンジンでは標準的に使われている。しかし、気筒数分だけノックセンサーが必要でコストがネックとなって、VGエンジン以降は採用されることが希になったのは惜しまれる。

・開発の経緯

　このDOHCとなったVG30DEは、1986年当時、日産の最高峰エンジンと位置付けて開発された。そのため世界一、世界初の技術であることが優先されたことにより、コストは後まわしになったところがあった。かなり原価の高いエンジンになって、SOHCエンジンに比べエンジン重量もプラス40kgと23％も重くなった。

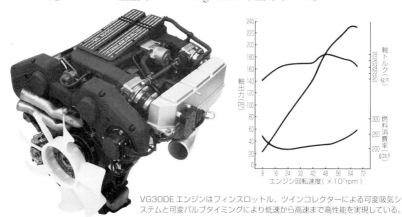

VG30DEエンジンはフィンスロットル、ツインコレクターによる可変吸気システムと可変バルブタイミングにより低速から高速まで高性能を実現している。

　もちろん、限界設計をしていればもっと軽く設計できていたであろうが、最高峰エンジンと位置付けることで、軽量化よりも目標性能を達成することにウェイトがかけられた。そのため、VG-SOHCエンジンで苦労して軽量コンパクトにしたエンジンとは開発の手法が違ったところがあった。

■ディーゼルエンジンについて

　最後にV型6気筒のディーゼルエンジンについて少し触れておこう。

　VGエンジン企画時にV型6気筒ディーゼルも一緒に考えられていたことは、すでに説明した通りである。しかし、実際には6気筒のディーゼルは直列6気筒のRD28エンジンが使われ続けて、V型6気筒のディーゼルエンジンは開発されることがなかった。

　もしV型6気筒ディーゼルエンジンが開発されていれば、日産の車両造形やラインナップにインパクトを与えたかもしれない。たとえばセドリック/ローレルはせっかくV型6気筒ガソリンエンジンを与えられながらディーゼルは直列6気筒であったために、

右はRB30エンジンをベースに設計された直列6気筒ディーゼルエンジン（RD28）。同じセドリック/グロリアに左のV型6気筒VG型エンジンとレイアウトの異なる直列6気筒が搭載されていた。

ルノーV9Xエンジン諸元値（VQ30DDと比較）

エンジン	V9X	VQ30DD
気筒配列	V型6気筒	←
排気量(cc)	2993	2987
ボア・ストローク(mm)	84.0×90.0	93.0×73.7
動弁形式	DOHC4バルブ	←
圧縮比	16	11
最高出力(kW/rpm)	195/4000	260/6400
最大トルク(Nm/rpm)	550/1750	324/4800
最高回転速度(rpm)	5200	6500
燃料噴射圧(bar)	1800	50〜90
燃料	軽油	ガソリン

　2008年にラグナに搭載されたルノーV6 dci。可変ジオメトリーターボを装着して最高出力195kW/4000rpm、最大トルク550Nm/1750-3500rpmを発揮する。DOHC4バルブで、排気カムシャフトは吸気カムシャフトよりシザースギアで駆動される。

この搭載を前提とした造形となっているのはマイナスの要素であったろう。V型6気筒エンジン搭載だけを前提にすれば、これとは違った造形が実現できたと思われる。

　また、エルグランドやテラノなどのRV車に静かでパワフルなV型6気筒ディーゼルを用意できれば、燃費の面からみて相当に需要はあったと考えられる。

　時が経ち、VQエンジンをベースにしたディーゼルエンジンは2008年にルノーからリリースされた。VGの企画から30年という時の流れを経て、その企画が実現されることになる。

　このV型6気筒ディーゼルエンジンは日産/ルノーのコモンエンジンとして開発されたエンジンだ。日産とルノーのエンジン開発役割分担は以下のようになっている。

　ガソリンエンジン開発は日産が分担、ディーゼルエンジン開発はルノーが分担する。ただし企画に関しては双方で合意して進める。とはいえ、なかなか両者の意見が合わなかったと聞いている。最大排気量をどのくらいにするかで議論があったようだが、最終的には当初の計画通りの3リッターに落ち着いたという。

第4章 三つの日産の高性能エンジン

1. FF搭載のV型6気筒VEエンジンの開発

　日本初の本格的V型6気筒エンジンとしてデビューしたVG型は、高級車用、スポーツカー用高性能エンジンとして確固たる地位を築いた。そして、さらなる高性能化へ向けてVGエンジンの後継となるDOHC仕様の開発へと進み、1994年にVQ型エンジンが登場することになる。しかし、この開発とは別に日産では、同じV型6気筒のVE型エンジンの開発も始められた。

　数々の新技術を採用して、DOHC化されたVGエンジンは、FR搭載車用に開発されたので、これとは別にFF搭載用のV型6気筒のDOHCエンジンとしてVEを開発することになったのである。まずは、この経緯から述べることにしよう。

　VGのDOHC仕様は日産のフラッグシップエンジンとして位置付けられた。当面の上級車であるFR搭載車両(レパード、シーマなど)に載せることになったので、コスト、寸法、重量の制約が緩くなった。

　コストや寸法・重量よりも、性能やそれを裏付ける世界初の技術を採用することを優先したことが原因である。このエンジンは、それまでのSOHC型VGエンジンとは異なり、最初からFR搭載用エンジンとして開発された、このVGをDOHC化したエンジンをFFのマキシマに搭載するという計画はなかったのである。

　しかし、北米輸出が主体のマキシマは当初のSOHCであるVG30Eエンジンを搭載して、評判は非常に良かったものの、発表から3年後を見越すと、さらなる高性能化が求められた。そのため、FF用のV型6気筒DOHCエンジンが別に必要となり、そのた

めの開発を急ぐ必要があると判断された。

北米への輸出を中心にしたマキシマ。日産車としては比較的大きいサイズのFF車であり、V型6気筒エンジンを搭載する。

したがって、新しく開発されるFF車用DOHCのVEエンジンの狙いはJ30(マキシマ)に搭載されて、市場からの評価が高いSOHCVG30Eエンジンをさらに高性能化したエンジンにするという狙いであった。このVEエンジンは、VQエンジンの発表される3年前の1991年に発表された。

しかし、VEエンジンの開発を開始した1年後の1989年の夏には、VQエンジンの開発が始められている。

同じような日産の上級車種に搭載するVEとVQという二つのエンジンを、ほぼ同時に開発することになったわけである。1989年夏のVQエンジン開発がスタートした当初は、まだVQがどうなるかわからないという理由でVEの開発は継続された。そして、VQエンジンのコンセプトがほぼ固まった1990年にはVEエンジンの開発を継続するか、開発を中止するかという選択を迫られるときがきた。

この場面で日産首脳陣は、VEもVQも開発するという決断をした。その理由は、VEは開発も終盤を迎えており、すでに横浜工場の設備投資の手配が済んでいるからという理由であった。

VQエンジンの開発が計画通りに進めば、VEエンジンはVQが登場するまでのわずか3年の寿命しかない。エンジン開発とその生産には莫大な投資が必要であるから、投資の回収をさらに難しくする決定といえた。会社という組織はいったん企画が動き出すと、なかなか止めることができないようだ。

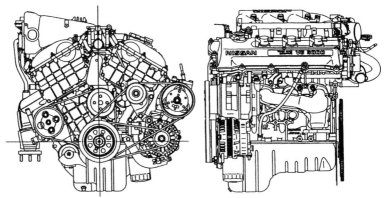

VE30DE。FF搭載VGエンジンのDOHC仕様として開発されたエンジン。1991年にマキシマのマイナーで登場し、わずか3年後にはVQにバトンタッチしたエンジンであった。

■開発と性能評価

　北米輸出を中心としたクルマであるFF車マキシマが、VG30Eエンジンを搭載して市場で評判が良かったのは、次の点であった。

①低速トルクが豊かで発進や追い越しが非常に楽にできること。

②高回転までまわさなくても充分にトルクがあるのでエンジンが静かであること。

　ところが、できあがったVEエンジンはトルクカーブ(97頁エンジン性能曲線参照)を見るとわかるとおり、4000rpm以下のトルク向上代が小さく、発進や追い越し加速ではVG30E搭載のマキシマに比べてそれほど優位性がなく、4000rpm以上まわすとパワーはあるがエンジンがうるさいという、VG30Eの利点に相反する性能になっていたのである。

　さらに車両としてのバランスで見ると、エンジン重量がVGエンジンより50kg以上重くなっており、フロントの重量配分が大きくなりすぎる結果となり、フロントのタイヤサイズを1サイズ太くする必要があった。

　このため、DOHCにしてコストが上がったぶんに見合った性能向上をユーザーが実感できるようにはなっていなかった。

　VEエンジンがあまり評価されなかった理由をあげれば、DOHC化して高性能化するのだから重量やパッケージサイズが大きくなるのはやむを得ないと考えたことや、VG

VEエンジンの開発の狙いと達成手段

	出力とトルク	過渡応答性	燃費性能	コンパクト化	信頼性	音振性能
4バルブDOHC	○					
小型NVCS	○			○		
高圧縮比化	○		○			
ADポート	○					
大口径スロットルバルブ	○					
エンドピボット式ローラーロッカーアーム	○		○			
30°狭角バルブ配置	○			○		
バルブ径の大型化	○					
衝突タイプ2方向フューエルインジェクター		○				
新燃料噴射制御SOFIS		○				
フルシーケンシャルインジェクション		○				
2ステージチェーンシステム動弁駆動系				○	○	
白金電極プラグ					○	
円筒型コイル採用NDIS				○	○	
高剛性鍛造クランクシャフト						○
剛性アップコンロッド						○
オートサーマティックタイプピストン						○
クロス配置リブ付きシリンダーブロック						○
タービン型フューエルポンプ						○
エアダクト肉厚アップ						○
16ビット新マイコン採用ECM		○				
液体ガスケット					○	

エンジン搭載のJ30マキシマがなぜ市場で評判が良かったかの分析が不充分であったことなどがあげられるだろう。

後発のVQエンジンにコストと性能とも見劣りするVEエンジンは、マキシマに3年間採用（VG30Eと併行設定）されたものの、評判を得ることなく消えていった。このVEエンジンの抱えた問題は、そのままVQエンジン開発で克服すべき重要なものでもあった。

■VE30DEエンジンの仕様と特徴

ここで、VE30DEエンジン開発とその仕様について見てみよう。

・シリンダーブロック

FF用VG30E用シリンダーブロックと同じ鋳鉄製で、これをベースに以下のような変更が行われている。ヘッドボルトは4本とし、2ステージチェーン駆動（←タイミングベルト駆動）にともなうシリンダーブロックフロント面の変更、バンク間にクロスリブを追加してねじれ剛性を向上させている。

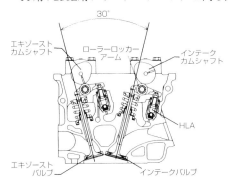

VEエンジンの動弁システムはメンテナンスフリーとフリクション低減を狙って小型のロッカーアームにローラーロッカーを組み込んで、その支点に油圧リフターを組み込んでいる。

・シリンダーヘッド

FF搭載専用設計とし、FR用に比べてバルブ挟み角をより狭くしてコンパクトな燃焼室になっているが、吸排気バルブともFR用より1mmずつ大径にすることで高出力化が図られた。また、ロッカーアーム採用にともなってバルブリフトはFR仕様よりも大きく取っている。

しかし、実際にこれらの仕様変更は出力向上効果があまりなく、FR仕様以上の出力性能とはなっていない。吸気系仕様とのバランスもあるが、ボア径に対して無理して大径バルブにしてもマスキングにより流量係数が低下してしまったと考えられる。ポートは従来よりもポート径を絞って流速を上げる効果を狙ったAD（エアロダイナミック）ポートが採用

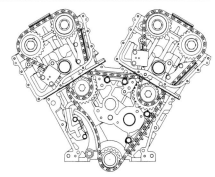

VEエンジンの動弁駆動。クランク軸からチェーンで両バンクのアイドラーギアを1/2に減速し、そのアイドラーの同軸上のスプロケットでそれぞれのバンクにある吸排気カムシャフトを駆動している。

された。

・動弁系

ピボット式のロッカーアームを採用し、ピボットには油圧リフターを組み込み、ロッカーアームはニードルローラー式を採用してメンテナンスフリー化、低フリクション化が図られている。これは北米市場を意識して実用燃費の向上を狙ったものである。

・動弁駆動

動弁駆動は狭角バルブ挟み角用の共通レイアウトとして開発された2ステージチェーンシステムが採用された。このシステムは基本的にVH41DEやCGエンジンに採用されたものと同じ考え方である。

1段目のチェーンはクランク軸からシリンダーブロック上方に設けられたスプロケットを駆動する。2段目のチェーンはその同軸に取り付けられた小径のスプロケットで、左右バンクのシリンダーヘッドに付いているカム軸を駆動する。1段目と2段目を合わせて1/2に減速する歯数設定になっている。VEエンジンでは1段目で1/2に減速し、2段目は等速で駆動する。吸気カムにはFR仕様と同様なVTC(可変バルブタイミング)システムが採用され、低速トルクと高速出力の両立が図られている。

・主運動部品

ピストンのコンプレッションハイト、クランクジャーナル軸径、コンロッド長さ、大小端ピン径など主要な寸法はFR用VG-DOHCエンジンの寸法を踏襲しているが、燃焼室変更にともない、ピストンの冠面形状が変更されている。ピストンはVG30DE同様、ピン両端脇にスチールストラットを鋳込んだストラットタイプとし、ピストンピンはフルフロートタイプとしている。ストラットタイプはピストンの熱による変形(楕

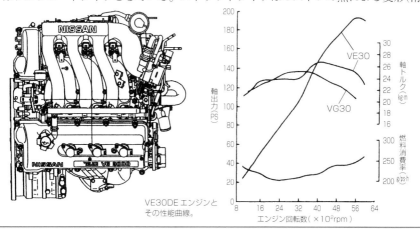

VE30DE エンジンと
その性能曲線。

97

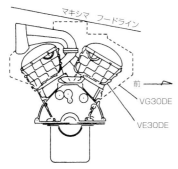

マキシマ フードライン

前

VG30DE

VE30DE

FF車であるマキシマに横置き搭載したVEエンジン。FR用VG30DEエンジンとのシルエット比較。

円に変形する）を抑えて組み込み時のピストンクリアランスを縮小し、ピストンの打音を抑えて静粛性の向上が図られている。クランクシャフトは基本設計はFR用を踏襲で、FF化にともないフロント軸まわりが変わったための関連変更がされている。コンロッドについてはFR仕様と共用である。

コンパクト燃焼室採用にともない、圧縮比10でピストン冠面をフラットにしてS/V比を抑えHCの排出素質を向上させるとともに急速燃焼が図られた。

・吸気系

　FF搭載のため吸気コレクターが車両リア側（エンジンの右バンクカムカバー上）に配置されている。これにより吸気ブランチ長を比較的長く取ることができ、低速トルクを稼いでいる。

■開発状況

　このエンジンの狙いは、このときにマキシマに搭載しているVG30Eエンジンに対して静粛性をさらに向上させて、動力性能ではライバル車に追い上げられつつある状況を打開するという目的であった。

　しかし、開発では低速トルクが思ったほど上がらず、発進時の優位性を得ることがなかなかむずかしかった様子が理解できるだろう。

　エンジン重量がVG30Eに比べて50kg以上重くなってしまったことが車両全体に影響を与えた。最高出力が上がると車両側もそれに対応して仕様変更するため重くなるうえに、エンジンが重ければそれを支えるサスペンションやタイヤまで重くなるので、せっかくのトルクアップ効果も薄れ、燃費でも不利になった。

　重量が重くなった大きな原因の一つが、音振の問題であって、VGエンジンよりも燃焼が速いため、どうしても加振力が増えてしまうからであろう。このため、シリンダーブロックのバンク間に大きなクロスリブを設けたが、これも重量増の大きな一因となっている。

　マキシマに搭載したVEエンジンは、従来のVGエンジン搭載車と併行設定されていた。VEエンジン搭載車は値段が高く、実用性能である低速トルクはVGエンジンの方がかえって高かったために、ユーザーには良い評価をされたとはいい難く、そのため、VEエンジン搭載車発表後も相変わらずVGエンジンを搭載するマキシマの売れ行

きが好調であった。そのために、VEエンジンの開発とそれにともなう多額の設備投資は、回収するまでに至らなかったことは容易に想像できるだろう。

2. ターボ装着のVG型 DOHCエンジンの開発

1980年代はエンジンの高性能化が進んだ時代であるが、後半になると、それがさらに加速していった。いまから見ればバブル時代であったわけが、技術開発するほうでは、他メーカーとの競争が激しいという意識があって、今日ではとてもゴーサインが出ないような開発まで手がつけられた。開発する立場でみれば、実にエキサイティングな時代であったといえるだろう。日産の高性能エンジンが次々に開発されたのも、こうした背景と無縁ではないだろう。

先に述べたようにVGのDOHCエンジンは、本来であればセドリック/グロリアが最初の搭載車種になるべきだったのだろうが、開発スケジュール上の都合からレパードにまず搭載された。

その後、翌1987年にフルモデルチェンジされたY31セドリック/グロリアにVG20DETエンジンが搭載され、VG30DEエンジンをベースに2年後の1988年には一世を風靡した初代シーマに搭載された3リッターターボのVG30DETエンジンが開発されている。

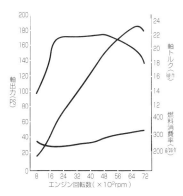

ツインカムとなったVG20DET。エンジンの性能曲線とエンジンのカット図。このエンジンは1987年6月にモデルチェンジされたY31セドリック/グロリア(右)に搭載された。

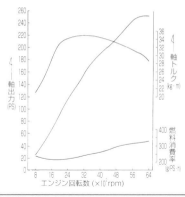

3リッターのVG30DETは、当時の日産にあってはプレジデント用のV型8気筒を除けばもっとも高性能なエンジンであった。したがって、セドリック/グロリアより格上のクルマとして誕生したシーマに1987年に最初に搭載された。

　セドリックの上に位置する高級車として登場したシーマは、ものすごい加速をするクルマとしてセダンにはふさわしくないほどの高性能エンジンだったが、当時の市場ニーズにうまく合致して"シーマ現象"といわれるほど大ヒットした。今でこそ3リッターターボで255ps/35kgmの性能は驚くほどではないが、当時としては画期的な性能だった。

　Y31セドリック/グロリアに搭載されたVG20DETは、スカイラインR31に搭載されたRB20DETと並んで、日産の2リッター最高峰となるエンジンである。当時は、3ナンバー車はまだ少数派で、セドリック/グロリアといえども小型枠の2リッター車が主流だったのだ。

　エンジン本体はVG30DEをスケールダウンした仕様でAT仕様ながらVG20DETは最高出力185ps/6800rpm、最高回転速度7700rpmの性能を実現していた。しかし、残念なことにATは6400rpmでシフトアップしてしまい、この性能をフルに発揮することのできる車両は存在しなかった。フェアレディZなどスポーツカーに搭載したほうがエンジン性能が生かされたであろう。

　このエンジンはシングルターボであるが、スカイライン用と同じセラミックターボ

VG20DETエンジンの可変吸気システム。ツインコレクターシステムを採用し、エンジン回転速度に応じて左右バンクコレクター間の通路を開閉して共鳴過給と慣性過給を使い分けて発生トルクの最大化を図っている。

を搭載してレスポンス向上が図られている。セラミックローターは日本特殊陶業製であるが、ターボ本体は日産内製であった。

　吸気系はデュアルスロットルチャンバーから長い通路を経て左右バンクの吸気コレクターへと導いている。

　両バンクのコレクターはパワーバルブの開閉で遮断されるようになっている。3400rpm以下ではパワーバルブが遮断され、長い吸気管効果により低速トルクが向上する。3400〜5400rpmではパワーバルブを開いて中速域の吸気慣性効果を上げて最大トルクを持ち上げる。5400rpm以上では再びパワーバルブを閉じて短い吸気管効果により高速での慣性過給効果を高めて最高出力を確保するようになっている。

VG30DETエンジン。1986年に発表されたVG30DEのターボ仕様。シーマに搭載され、高級車をスポーツカーのように走らせて人気を博した。

　この可変吸気システムに加えて、VG30DEで採用されたVTCも取り付けられている。可変吸気でシリンダーに入る空気量を最適に制御し、その入ってきた空気を低速でも高速でもともにベストなタイミングで取り入れるようにしたバルブタイミングになるよう設定されている。

　セドリック/グロリアより一まわりワイドなボディのシーマの3リッターDOHCターボVG30DETエンジンは、VG20DETに準じたシステムになっており、ターボもセラミックを採用している。タービンローターは2リッター用と同一であるがタービン側のA/Rを大きくし、コンプレッサーも入り口径を大型化して高流量に対応している。これは、タービンサイズを2リッターと同一サイズに据え置くことで、低速レスポンスの良さは2リッター仕様と同じにしてタイムラグを小さくし、コンプレッサーの大型化で3リッターならではの大出力を実現している。この狙いが当たって、それまでの高級車とは一線を画した動力性能のクルマになったわけだ。

■ツインターボのVG30DETTエンジン

　このシーマ用VG30DETエンジンをツインターボ化したうえインタークーラーを追加して、さらなる性能アップをしたエンジンがVG30DETTエンジンで、1989年7月にモデルチェンジされたフェアレディZ（Z32）に搭載された。

　このエンジンはVG30DETエンジンをツインターボ化して性能アップしただけではなく、狭いZ32のエンジンルームに押し込めるためにあらゆる知恵が盛り込まれている

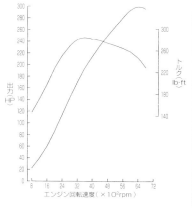

VG30DETTエンジン性能曲線。北米仕様は300HP/
6400rpm、283lb·ft/rpm の性能を発揮する。

エアクリーナー〜ターボ〜イン
タークーラー〜スロットルまで左
右バンク独立の吸気系を有する。

といっても過言ではないだろう。ステアリングシャフトとターボチャージャーのあい
だのすきまを確保するのは至難の業であった。

　ツインターボなのでエンジンの左右両バンクにターボがあり、車両も右ハンドルと
左ハンドルの両方がある。Z32のエンジンルームの上からうっかりボルトやドライバー
を落としても下まで落ちることはなく、どこかに留まって、2度と見つからないとい
われたほどだった。それほど部品がびっしりと配置されて、上からも下からも手が入
らなかった。エンジンルームの上から見ると、吸排気部品や配管類でびっしりと埋
まっている。

　オイルパンの形状もサスペンションメンバーやステアリングラックを避けながら、
やっとの思いで必要油量を確保して、そのうえで1G以上の旋回Gを受けても油圧低下
を起こさないように、オイルストレーナーの設計をするのは並たいていの苦労ではな

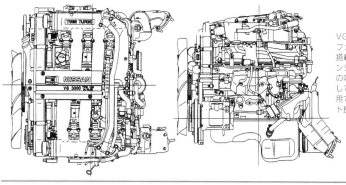

VG30DETT エンジン。
フェアレディZ(Z32)に
搭載したツインターボエ
ンジン。左右バンク独立
の吸気コレクターを装備
して慣性過給を最大限利
用できるように吸気ポー
ト長さを設定した。

かったという。

　しかし、当然のことながら、このようにZ32に搭載するために芸術的な設計(個別最適化設計でただZ32に搭載するためだけに専用部品を数多く設定した)をしたVG30DETTのコストは高いものとなった。吸排気系部品(吸気マニホールド、排気マニホールド、ターボチャージャー、インタークーラー、エアフローメーター、エアクリーナー及びエレメントなど)、補機類のブラケット、オイルパン及びストレーナーなどがすべてZ32専用設計となったからである。さらにはNAとターボで吸排気系は部品が異なるのである。まさに、バブル時代だから実現が可能となったエンジンといえるだろう。

　このように、Z32専用設計で仕立て上げたVG30DETTは、21世紀まで生産を続けることは困難になった。北米、国内とも排気規制が厳しくなり、とくに冷機始動後のHC排出量を抑えることがツインターボでは厳しかったからである。R34GT-Rに搭載されていたツインターボの直列6気筒RB26DETTも同様で、次期型の発売までフェアレディZ、スカイラインGT-Rともにしばらく生産が休止されている。フェアレディZは1999年に、スカイラインGT-Rは2002年のことだった。

　Z32(フェアレディZ)の場合、その後に開発されたVQエンジンの搭載が検討されたが、Z32のエンジンルームにVQを搭載するにはエンジンの大改造が必要で、コストがかかりすぎるため、この検討は打ち切られた。エンジンをVGからVQに変更してもエンジンルームに搭載するための変更部品はあまり変わらず、目標生産台数と車両の生産年数から見て、とても引き合わないと判断されたのである。

　Z32フェアレディZはスタイルと高性能を重視し過ぎたことで販価が上がりすぎて、主要な市場である北米で価格競争力を失ってしまった。そのため、次期型フェアレディZではターボは搭載せず、初代フェアレディZ(S30)を企画した原点である安い価格でスポーツカーを提供するという

ツインターボのVG30DETTエンジンを搭載したフェアレディZ。

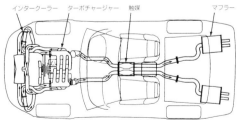

VG30DETT吸排気レイアウト。左右独立2系統吸排気レイアウトとしている。片バンク3気筒ごとにコンプレッサー、インタークーラー、スロットルチャンバー、インテークコレクターの吸気系と排気マニホールド、タービン、触媒、マフラーに至る排気系を独立2系統設計として吸排気効率を最大限に向上させた。

インタークーラー　　ターボチャージャー　　触媒　　　　　　　　　　　マフラー

コンセプトに戻されたのである。

　Z33フェアレディZでは乗用車系と共用のプラットフォームが採用され、エンジンも排気量はエルグランドなどと共通の3.5リッターのVQ35DEエンジンとなった。もちろん、エンジンのチューニングはZ33専用ではなく、基本的に乗用車系と共通の仕様になっている。

3. スカイラインGT-R用の直列6気筒RB26DETTの開発

　1980年代後半に日産はフェアレディZとスカイラインGT-Rという二つのスポーツカーに、それぞれ専用エンジンを用意した。いうまでもなく、GT-R用RB26DETTとZ32用VG30DETTである。このほか、最上級車種として新しく登場するインフィニティQ45用のエンジンとしてVH45DEが開発された。3機種のエンジンすべてが目標性能300psであった。ひとつの課のなかでそれぞれのエンジン開発チームが期せずしてお互い競い合っていた。日本国内で発表される最大出力は280psを上限とする自主規制があったが、これは当時の運輸省による行政指導によるものであった。

　直列6気筒のRB26DETTとV型6気筒のVG30DETTの開発チームはどちらも同じ6気筒であることから、お互いにライバル意識を持って開発された。同じエンジン設計課であるから情報交換はしながらも、性能で相手には負けられないという意識が強い中で切磋琢磨していた。

　この時代（1980年代）のエンジン設計は車種間の共用化によるコスト低減、開発工数削減よりも、その車両に最適のプラットフォームとエンジンを用意することが重要視された。ライバルは他メーカーのクルマではなく、同じ日産車であるかのような感じだった。スカイラインとフェアレディZが互いを競争相手として意識されたのだ。ユーザーにもZ32とR32GT-Rは、ともに日本を代表するスポーツカーと認知されている伝統とそれを

1989年に登場したスカイラインR32GT-R。16年ぶりに復活し世界一のスポーツセダンを目指して開発された。

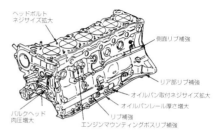

ヘッドボルト
ネジサイズ拡大

側面リブ補強

リア部リブ補強

オイルパン取付ネジサイズ拡大

オイルパンレール厚さ増大

バルクヘッド
肉圧増大

リブ補強

エンジンマウンティングボスリブ補強

600psの出力に耐えられるようシリンダーブロックは補強された。

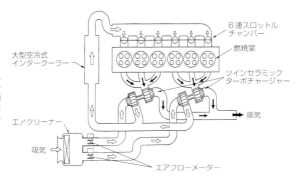

6連スロットル
チャンバー

燃焼室

大型空冷式
インタークーラー

ツインセラミック
ターボチャージャー

排気

エアクリーナー

吸気

エアフローメーター

RB26DETTエンジン吸排気システム。ツインエアフローメーターとツインターボにより前側3気筒と後側3気筒のそれぞれ独立に入ってきた吸気は大型インタークーラー手前で合流する。

裏打ちする実力があったからでもあった。

　RB26DETTエンジンは、16年の長いブランクの後に復活するGT-Rという車両に搭載する特別なエンジンとして開発された。このエンジンは、新型スカイラインに世界一の運動性能を持つスポーツセダンとして、グループAツーリングカーレースでチャンピオンを獲得する狙いがあった。したがって、性能についてはいろいろと注文を付けられたが、コストを下げるような要求は聞かれなかった。

　目標性能300ps、最高回転速度8000rpm、車両の旋回1.2Gに耐えるオイルパン開発、グループAレース用として600psの出力ポテンシャルのあるものにするとともに、レース時の耐久性を保証するなど、開発目標のハードルはきわめて高かった。これは日産としても初めての挑戦であり、スリリングで充実した開発であった。

　このために開発チームメンバーの意気込みはすさまじいほどで、目標出力は初号機で達成することができた。その後はトルクカーブ修正のための吸気マニホールドの設計変更、ドイツのニュルブルクリンクサーキットでのエンジン破損、6連スロットルのアイドル回転の問題、ツインエアフローメーターによるエンジン回転ハンチングなど数多くの問題に対処する必要があった。

　こうして完成したRB26DETTエンジンは、その高性能にふさわしい車体に搭載された。長い空白のあとで発売されたR32GT-Rの販売台数は、ライフトータルで10000台という想定を2倍以上

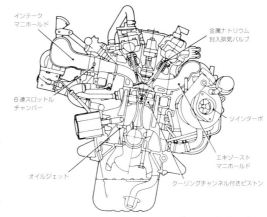

インテーク
マニホールド

金属ナトリウム
封入排気バルブ

6連スロットル
チャンバー

ツインターボ

エキゾースト
マニホールド

オイルジェット

クーリングチャンネル付きピストン

RB26DETTエンジン断面図。専用の短い吸気ブランチと大型コレクター、6連スロットルにより大出力とレスポンスの両立を実現した。

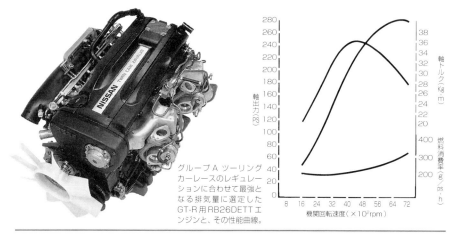

グループ A ツーリングカーレースのレギュレーションに合わせて最強となる排気量に選定したGT-R用RB26DETTエンジンと、その性能曲線。

大きく上まわった。このため、採算を度外視した開発であったが、結果として
RB26DETTは大幅な黒字となった。

　北米をメイン市場に置くZ32フェアレディ用の旗艦エンジンとして位置付けられた
VG30DETTエンジンは、目標性能はRB26同様300psであった。このエンジンを搭載す
るZ32は、レースに出るという目標はなかったので、インタークーラーなしで目標性
能である300psを達成する車両計画であった。これはベースとなったFY31シーマ搭載
のVG30DETエンジンもインタークーラーなしで255psを達成していたという実績を踏
まえてのことであった。

　しかし、実際に開発に入ると思いのほか吸気温度が上がって、インタークーラーな
しでは300psまで届きそうもなかったので、急遽インタークーラーを搭載することが検
討された。その実現のためには、狭いエンジンルームのなかにどのようにうまく収め
るかという問題があった。それでなくても狭いZ32のエンジンルームに、追加でイン
タークーラーを押し込むのは大変な作業だった。車両計画部署の協力を得てフロント
タイヤ前方に左右2分割のインタークーラーを搭載することができた。このインター
クーラーはGT-R用のRB26に比べるとかなりこぢんまりしているが、それはレース用
の600psが目標値であったのとは異なり、容量が小さくても良かったからである。

4. 超高級車インフィニティQ45用V型8気筒エンジンの開発

　V型8気筒のVH45DEは、日産が北米に新たに展開する第二ブランド・インフィニティ
チャンネルの旗艦車両であるインフィニティQ45に搭載するエンジンとして開発され

た。派生エンジンとして4.1リッターにしたVH41DEもあり、後にこれはシーマに搭載されている。

　VH45DEは日産の新世代の量産V型8気筒エンジンで、目標性能はやはり300psであった。旗艦エンジンであることから、コスト管理にそれほど厳しくはなかった。

　VH45DEエンジンのコンセプトは次のようなものだった。

①高級車Q45用エンジンとして充分な動力性能を有すること。

②運転操作に応じたリニア感ある出力特性を与えること。

③高級車に相応しい圧倒的な静粛性を保つこと。

　このコンセプト実現のために目標最高出力300ps、最大トルクは40kgm以上に置いた。その性能を達成するために、排気量を4.5リッターに設定された。

　静粛性を保つために、遅開きスロットル特性とセカンドギア発進が採用された。ベンツやBMWなどヨーロッパの高級車はアクセル開度と出力がリニアになるような味付けにしてある。この特性がヨーロッパの高級車の資格となっている。こうすることで、150km/h以上でクルージング時のアクセル開度に対するトルクの出方が自然になり、高速道路を長時間走行する際の運転がしやすくなるのである。

　しかし、このような出力とアクセル開度の特性は、北米や日本のユーザーには評判が悪くて受け入れられなかった。それはあまりにも発進性がおだやかな特性で、うっかりしていると他車に遅れをとってしまうほどであったためだ。

　そこで、マイナーチェンジでアクセル開度特性を少し早開きに変え、トランスミッションも通常のローから発進するシフトスケジュールに戻している。このインフィニティでは発進性を緩慢にし過ぎた嫌いがあるが、日米のユーザーは、たとえ高級車でもアクセル開度に対するトルクの出方は開度が少ない段階で大きくなることを好むようで

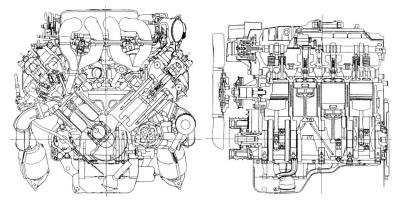

VH45DE断面図。インフィニティQ45に搭載された90°V型8気筒 4.5リッターエンジン。

ある。

　北米市場の発進性の評価項目にアクセル1/8開度での発進Gという項目があるが、これなどはアクセルの早開きを奨励しているようなものだ。早開き特性にすれば、エンジンの本来の性能とは関係なく、アクセルを1/8開いただけで1/2開度相当のトルクを与えることができる。

　それはともかく、V型8気筒のVHエンジンの排気量が、どのように決められたのか見てみよう。このエンジンを企画した1985年当時は、ちょうどVGエンジンのDOHC仕様の開発が終わろうとしているころであった。

　VHエンジンを搭載する日産の最上級車となるインフィニティQ45の目標車両重量は1700kg程度であったが、単なる高級車ではなくスポーツカーの性能を隠し持つツーリングサルーンというコンセプトのもとに開発された。このため、ウェイトパワーレシオは6以下が目標に置かれた。車両重量は開発過程で多少重くなる可能性があるので、VHエンジンの目標出力は300psと設定された。

　車両のコンセプトからいってエンジン形式はV型6気筒ではなくV型8気筒になるのは当然の成り行きで、どれだけの排気量で目標の300psを達成するかが検討課題となった。

　高性能を謳うためには、それほど大排気量にするわけにはいかず、VG-DOHC以上のリッターあたりの出力、トルクを狙うという考え方でコンセプトが固められていった。

　具体的には出力はリッター当たり65ps以上、トルクは同じく9.0kgm以上に目標が置かれた。この目標により排気量は4.5リッターあたりに落ち着くことになる。日本での自動

VH45DEと比較エンジンの諸元

	Q45	レパード	スカイライン	プレジデント
	VH45DE	VG30DE	FJ20E	Y44E
気筒配列	V型8気筒	V型6気筒	直列4気筒	V型8気筒
総排気量(cc)	4494	2960	1990	4414
ボア・ストローク	93.0×82.7	87.0×83.0	89.0×80.0	92.0×83.0
1気筒(cc)	561	493	497	551
動弁系	DOHC-4V	DOHC-4V	DOHC-4V	OHV-2V
圧縮比	10.2	10.0	9.1	8.6
最高出力(ps/rpm)	300/6000	185/6000	150/6000	200/4800
最大トルク(kgm/rpm)	40.5/4000	25.0/4400	18.5/4800	34.5/3200
リッターあたり出力	66.7	62.5	75.4	45.3
リッターあたりトルク	9.0	8.4	9.3	7.8

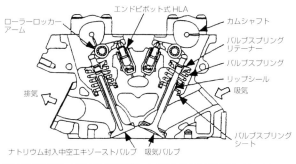

エンドピボット式 HLA
ローラーロッカーアーム
カムシャフト
バルブスプリングリテーナー
バルブスプリング
リップシール
吸気
排気
ナトリウム封入中空エキゾーストバルブ
吸気バルブ
バルブスプリングシート

VH45DE 動弁系。内支点タイプのピボット式 DOHC で油圧リフターとローラーロッカーを装備。排気バルブにはナトリウムが封入されて燃費向上に貢献している。

車税を考慮すると排気量の区切りのよい4リッター以下か4.5リッター以下にしたいところであった。また、北米ではQ45を発売予定の1989年から燃費規制（CAFE）が強化されるので、排気量をいたずらに大きくするのは得策ではなかった。

インフィニティ Q45。日産の北米第二チャンネル用に開発された高級車Q45は技術的な面だけでなく、製造・販売・サービスに至るまですべての面で高級車の新しい規範となるべくクルマづくりが行われている。

　しかし、4リッターでは目標性能に届かないという判断で、排気量は最終的に4.5リッターと決められた。4.5リッターの排気量であれば、VTC（可変バルブタイミング）を採用すれば到達できる目標性能であると判断している。実際、目標性能はそれほど苦労なく達成することができたという。

　いっぽうで、Q45のライバルと目されるトヨタのレクサスは車両重量を抑えて排気量を4リッターに留めた。これは、企業に課せられた燃費規制とは別に、個別のクルマに対して課せられたガスガズラー規制（燃費の悪いクルマに課せられる罰金）を免れていた。

　しかし、Q45はわずかに及ばずにガスガズラー規制の対象車となり、車両コンセプトで明暗を分ける形になり、アメリカでの販売は伸び悩んだ。

　もちろん、VHエンジンの開発に当たって燃費を考慮しなかったわけではない。燃焼室は当時VG、RB、CAの3エンジンで共通に進めていたDOHCプロジェクトに合わせて46°のバルブ挟み角を採用しているが、バルブ駆動は他のエンジンと異なり、直動ではなくロッカーアームタイプにしてローラーロッカーを採用している。もちろん、燃費向上を狙ってのことである。

　燃費向上のために、このローラーロッカーをはじめ、油圧バルブリフター、ナトリウム入り中空排気バルブ、ステンレスパイプ排気マニホールドなどコストがかさむ仕様を盛り込んだ。このため、結果として当初の予算をオーバーしての完成となった。

　1980年代後半の好景気の時代で販売増を見込んで量産効果でカバーしようという目論見があったのだろう。営業サイドでも初代シーマの実績があって楽観的な予想をしていた。しかし、1990年代に入ると、バブル崩壊により需要が急に冷え込み過剰設備に陥ってしまうことになった。当時は、誰もが右肩上がりを信じて疑わなかった時代だったのである。

　1990年にシャシー性能を世界一にするという日産が打ち出した901活動は、シャシー設計から発案されたもので、やがてこの901活動はエンジンやパワートレーン、車体設

計にも広がり、全社的な活動となっていった。その具体的なターゲット車両が、Z32（フェアレディZ）、R32（スカイライン）、P10（プリメーラ）、Q45などであった。それぞれのプロジェクトがお互いに目標に向かって張り合っていた。これは高性能エンジンの開発と連動していたものであった。

それだけに、この時代の開発は車両・エンジンとも設計技術者たちにとっては非常に張り切りがいのある、面白いものであった。

しかし、投資回収という経営的観点から見れば得策とはいえなかったかもしれない。生産性、生産コストから見れば量産台数の少ないスポーツカーに専用プラットフォームや専用エンジンを用意することになるから投資効率の面で難があった。

この経験から、21世紀に開発されたZ33フェアレディ、V36スカイライン、R35GT-Rなどは、もっと戦略的なコンセプトで開発されている。すなわち、基本のプラットフォームや基本

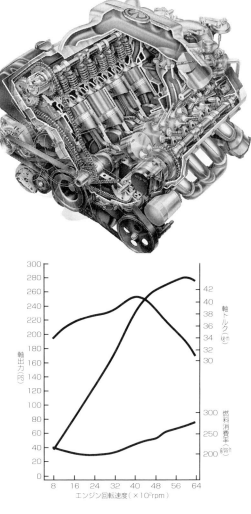

VH45DEエンジン。4.5リッターの大排気量ながら6900rpmまで引っ張れるスポーツエンジンの断面図と、その性能曲線。

となるエンジンはセダン系と共通の仕様にしながら、チューニングによりスポーツカーとしての資質を高めていくという手法を取っている。それでも、スポーツカーとしての完成度をスポイルしないものにすることが開発者たちの腕の見せどころであったろう。

Z33やR35のアンダーフロアーはスカイラインV36と共通であり、基本エンジンも同

じVQであるが、その完成度は前型車であるZ32やR34よりも格段に高いものになっているといえる。

5. 1980年代日産の直列6気筒新エンジン開発の経緯

ここで、1980年代にV型6気筒とともに日産の上級車種の主力エンジンとなった直列6気筒RBエンジン誕生のプロセスを見ておくことにしたい。

直列6気筒RBエンジンは、VGエンジンが1983年に発表される直前に企画された。当時日産のエンジン設計では6気筒エンジンは旧型となったL型直列6気筒エンジンを廃止して、すべてV型6気筒のVGエンジンに統合しようという計画であった。

それは横置きFF搭載用にはV型6気筒が適しており、それがFR車用としても使えることからV型6気筒に一本化することで、量産効果を上げてコストも低減できるという考えからだった。

しかし、車両部隊からこの計画に対して待ったがかけられた。VGエンジンは確かに高性能だが、FRのエンジンルームに搭載するにはそれほど長さのメリットはなく(エンジンが長くても搭載には問題ない)、それよりもエンジン全幅が広いことやV型6気筒エンジンを搭載するためにコストが高くなる方が問題だというのが、その主張であった。

また、エンジンのトルク特性を比較すると、慣性過給効果を生かせる直列6気筒は最大トルクが大きく、これに対してV型6気筒はフラットトルクで高速の伸びが良いという特性を持っている。

車両(スカイライン、ローレル)から見ると、直列6気筒エンジンの特性の方が好ましいという主張であった。また、エンジンのまわり方(吹き上がり感や音質)も直列6気筒のほうが高質なフィーリングであるとして、直列6気筒支持派は、クルマ好きの開発技術者のなかでかなりの勢力があったのである。

社を挙げての議論となり、直列6気筒を残すことが決められRBエンジンが誕生したのである。1982年秋のことであった。そして、

1979年にターボ仕様にして高性能化が図られたL20型直列6気筒エンジン。RB型の登場まで15年以上日産の上級車用エンジンとして使用されていた。

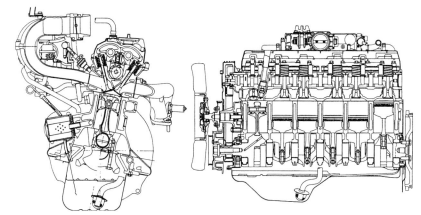

RB20Eエンジン。1984年にそれまでのL20Aに代わるエンジンとして発表されたSOHCエンジン。前年に発表されたVGエンジンと動弁系や燃焼室形状を同じ思想で開発したモジュール設計としており、2年に満たない超短期で開発されている。その後2002年までV型6気筒と役割を分担した後、VQエンジンに統合された。

次期型ローレルC31にまず2リッターNAエンジンを間に合わせることになった。

モデルチェンジされるローレルの発表発売は1984年秋なので、開発に残された時間は2年しかなかった。VGエンジンで150億円もの巨額の投資をしている関係もあって、直列6気筒新エンジンの設備投資を節約する必要があった。そのために、極力従来のL型直列6気筒エンジンのライン設備を有効活用することが開発の前提となった。設計開発者には、このように制約条件がきつければきついほど燃えるという"習性"があるようだ。

最初に搭載するローレルにはSOHC2リッターNAだけであるが、その後1985年8月に発表するスカイラインR31には2リッターのSOHC NAと、ターボ、さらにDOHCのNAとターボと、一気にフルバリエーションを揃える計画が立てられた。このほかにも、中近東向けには2.4リッター、オーストラリア向けには3リッターが用意された。

これにより、RBエンジンはVGエンジンと勢力を2分する日産の6気筒のマジョリティとして君臨することになったのである。さらに3リッターはオーストラリアのGMホールデン社に供給するというユニットビジネスも手掛けられた。トータル生産台数の

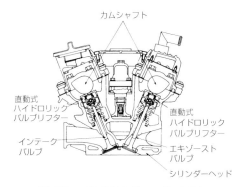

RB20DEエンジンのシリンダーヘッド。コンパクトな燃焼室と狭いバルブ挟角、直動バルブリフターにより小さくまとめられたシリンダーヘッド。

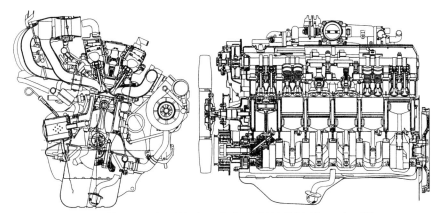

RB20DETエンジン。1985年にスカイラインR31に搭載されたエンジンで当時のラインナップ中で最強のエンジン。スカイライン、フェアレディZにも搭載された。スカイラインクーペ、フェアレディZではセラミックターボが採用されている。

増加は設備投資負担を減らし、工場共通費の負担も減らす効果があった。

　従来のL型エンジンの生産設備を活用するという制約から、ボアピッチはL型を踏襲して96.5mm-98mm（3番と4番のシリンダー間のみ）がそのまま使われた。

　この当時、小型上級車の排気量枠は2リッターであったが、近い将来（1990年度）にその枠が緩和されることが予想されていた。そうなると、6気筒の最適排気量は2.5リッターあたりにな

ツインカムのRB20DEとそれにターボチャージャーを装着したRB20DET。鋳鉄製のシリンダーブロックは軽量コンパクト化のためにデッキ高さが低くなっている。

り、RBエンジンもそのゾーンの排気量で最適な設計になるように考える必要があった。その点では、単にコスト削減を優先しただけでなく、L型と同じボアピッチにしながら、積極的なエンジン展開をする計画のもとに設計されたのだった。

　この基本コンセプトをベースに、R32型スカイラインGT-R用エンジンが考えられていくのである。

　2リッターのボア・ストロークはL型、VG型と同じ78×69.7mmとした。DOHCター

RB20DE エンジンの主運動部品。L20A に対して大幅に軽量化が図られている。

ボの高性能仕様の目標性能を考慮すると、やはりこの値がベストであるという結論であった。燃焼室形状もVGエンジンを踏襲してペントルーフ型とし、モジュール設計の考え方が取り入れられた。

燃焼室を含めたシリンダーのデザインをVGエンジンと同じにすることで、排気や燃費の素質を個別に開発する必要がなくなり、そのぶん開発期間と開発コストが削減されることになった。

ボアピッチはL型を踏襲したものの、シリンダーブロックを軽く、エンジン全高を下げることは、新エンジンとしては必須事項であった。そのために、シリンダーブロックのデッキ高さ低減(約20mm)とコンロッド長さ短縮(11.5mm)が図られ、2リッターと2.4リッターは共通のストロークで低ブロックとし、3リッターはボアを2.4リッターと共用してストロークを伸ばすという考え方がとられた。3リッターエンジンは、2リッターに対して約40mmブロック高さが高くなっている。

こうした効率的な開発により、スタートから約2年という超短期開発でRBエンジンは誕生した。燃焼室や冷却システムなどはVGエンジンをほぼ流用したことで、開発期間が短くても性能、耐久性とも満足がいくエンジンに仕立てられたのだった。

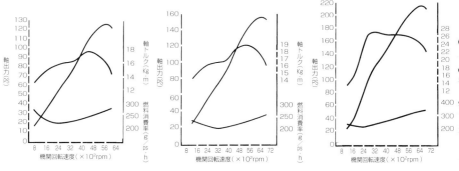

スカイライン R32 型に搭載された RB20 型 3 種類のエンジン性能曲線。左から SOHC の RB20E、DOHC4 バルブの RB20DE、DOHC ターボの RB20DET エンジンとなっている。

　従来型のL20エンジンに比較すると、重量は4kg軽くなっている。同時期に設計された VG と比較して7kgほどの重量増であるから、妥当といえるものだろう。

　旧エンジンである直列6気筒のL20Eは1980年当時、シリンダーブロックからシリンダーヘッド、コンロッド、クランクシャフトなど主要部品はもちろん、ブラケットに至るまで徹底的にグラム単位で軽量化されており、従来型のL20Eに比べて23kgの大幅な軽量化を実現していた。

　この軽量化設計の経験がRBの設計に生かされている。ちなみに、当時のライバルであったトヨタの新型直列6気筒エンジン1G-EU型は、154kgと2リッター専用設計の強みで日産のVGエンジンよりも軽量であった。

第5章 本命のVQエンジンの開発

1. エンジン開発のスタート

　VQエンジンは日本初のV型6気筒であるVGエンジンの後継モデルとして1994年に発表、発売された。このエンジンは当初開発記号をZVと名付けられていた。究極のV型エンジンという意味でZが用いられた。日産はそれまでVG（開発記号EF）、VE（開発記号EV）、VH（開発記号NX）などのV型エンジンを開発してきたが、その集大成のエンジンにするという意味が込められていた。開発に着手したのは1989年初めで、そのときから数えれば30年を超えて現役として使用されている。

　このエンジンを企画する前の1988年当時は、日本の税制改正以前で、2000ccを超える排気量には8万円を超える自動車税がかけられていた。そのため、日本市場では小型車枠となる2000ccを超えるエンジンは少数派にとどまっていた。とはいえ、世はまさにバブルの時代で、日産もR32GT-R開発の参考車としてポルシェ959、フェラーリF40などをプレミアム価格で購入し調査していた時代で、開発に使われる費用は今日よりも充実していたといえるだろう。

　いっぽうで、日本経済は好調であったが、将来的には競争力のあるユニットでなければ生き残っていくことがむずかしいと予想された。また、工場部門は販売部門からの増産要請に対応することで手いっぱいという状況下で、新型V型6気筒エンジンの先行開発が開始された。

　このエンジンは北米輸出を第一に考えられていたので、燃費向上と排気対策が優先事項となっていた。車両としての燃費や重量配分も重要であり、エンジンの軽量コン

パクト化も重要な要素であった。この頃からモデルチェンジごとに車両価格を上げることが許されなくなりつつあり、原価をいかに抑えるかは最優先課題となっていた。そうはいっても、エンジンは出力を出すことの重要性が変わるはずもなく、この本来性能は決してないがしろにできなかった。また、スカイラインR32GT-Rを発表する直前のことであり、直列6気筒のRBエンジンの跡を継ぐエンジンとして、レースで活躍できるポテンシャルを持たせることも、エンジン開発陣のなかでは秘かな狙いであった。

　VGエンジンの後継モデルであるVQエンジンは、日産の上級車の中心エンジンとして主流となる位置付けであり、このエンジンの完成度いかんによって、日産そのものの将来性が左右されることになると思われた。それだけ重要な開発であった。

　前にも触れたように、このVQエンジン開発がスタートするときには、FF車のマキシマ搭載用DOHCであるVEエンジンの開発がすでに進行しており、これと併行開発となる問題が生じた。この問題は後にVQエンジン存亡の危機に発展するが、日産技術陣の絶対に開発しなければならないという熱意による底力をみせて、無事に開発が進められたのである。

■VQエンジンの基本コンセプト

　VQエンジンを企画した背景には、以下に示すような時代の要請があった。
①燃費向上、排気性能のクリーン化など地球環境保全の必要性が高まってきていること。
②上級クラス用エンジン需要の増加が予想されること。
③車両原価の上昇を抑えてユーザーの購買力に応じた価格設定が必要になっていること。
　こうした要請に応えるためには、部品種類の削減、生産性の向上などが、これまで

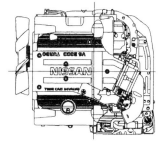

日産の新世代エンジンとして1994年に登場したVQエンジン。それまでのV型6気筒エンジンの技術的な蓄積を生かすとともに、相反する要求を高いレベルで達成することに成功し、上級車用エンジンとして、日産の屋台骨を支え続けている。

以上に厳しく求められた。これは同じV型6気筒として、それ以前に開発されたVGエンジンのSOHC及びDOHC、さらにはVEエンジンなど、拡大したエンジンの仕様バリエーションの集約も必要であった。

このような時代の要請を受けて、VQエンジンは以下のコンセプトが基本設定された。
①軽量コンパクト：コンパクト設計により車両搭載の自由度を増し、ユニット軽量化により車両軽量化の相乗効果を狙う（エンジンが軽量ならエンジンマウントを始め、関連部品も軽量化できる）。

このための採用技術として考えられるのは、アルミダイキャストハーフスカートシリンダーブロック、コンパクトカムドライブシステムなどであった。
②低燃費：フリクションを徹底的に低減して燃費素質を向上させる必要があった。そのために採用する技術としては、動弁部品軽量化＋バルブスプリングバネ定数低下、動弁部品スーパーフィニッシュ加工及びピストンモリブデンコート、2系統冷却システムなどが考えられた。
③レスポンスの向上：エンジンレスポンスを良くすることで無駄なアクセルワークを減らすことが目指された。とくに慣性重量を減らすことで加速抵抗を低減する。そのためには、主運動部品軽量化（ピストンやコンロッドなど）、吸気コレクター容量の適正化などの採用が検討された。
④クリーンな排気：燃焼室を徹底的に煮詰めて燃焼素質を改善することがキーポイントであった。そのためには、コンパクトなペントルーフ燃焼室、AD（エアロダイナミック）吸気ポートの採用などが考えられた。排気の後処理としては、排気マニホールドの熱容量低減、触媒位置の適正化が検討された。

さらに、原価削減のために、従来は標準仕様や高性能仕様などのバリエーションをつくることが前提で開発が進められたが、エンジンの種類を極力削減することが決められた。ベストな仕様を1種類に統合化することにしたので

VQエンジンの採用技術一覧

採用技術	軽量化	低燃費	レスポンス
HPDCアルミシリンダーブロック	○		
軽量ピストン	○		○
モリブデンコートピストン		○	○
薄幅ピストンリング		○	○
2本ピストンリング		○	○
軽量コンロッド	○		○
細軸クランクシャフト	○		○
クランクシャフトマイクロフィニッシュ		○	○
フレキシブルフライホイール	○		○
直動ソリッド動弁系	○		
小型シリンダーヘッド	○		
細軸中空カムシャフト	○		
第2ステージカムドライブシステム	○		
カムシャフトマイクロフィニッシュ		○	○
アルミバルブリフター		○	○
低荷重バルブスプリング		○	○
ウォータージャケット浅底化		○	
2系統冷却システム		○	
ラムダコントロール領域拡大		○	
アイドル回転数低下		○	
2方向噴射フュエルインジェクター		○	○
SOFIS制御		○	

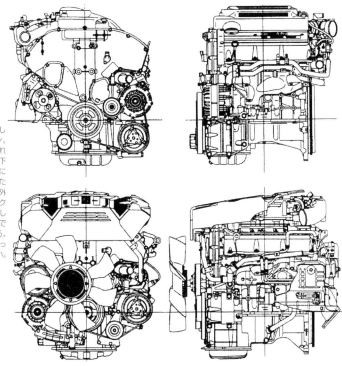

FF搭載とFR搭載を考慮して開発されたVQエンジン。上はFFセフィーロに積まれたVQ25DE型の外観図。下はセドリック／グロリアに縦置きに搭載されたVQ30DE型エンジンの外観図。FF用は吸気コレクターを右バンク上に配置しているのに対して、FR用ではバンク間に配置している。補機配置がFFとFRでまったく異なる点もおもしろい。

ある。そのためには、

①ベースの性能を磨き上げて素の性能で勝負する。

②徹底した実用エンジンであることと高性能ポテンシャルの両立。

の2点が目標として設定された。

　搭載を想定した車両は新型セフィーロ・マキシマ、セドリック/グロリア、フェアレディZなど、当時の小型上級及び中型のFF、FR全車である。このなかでも、とりわけ重要と位置付けられていたのが、北米市場で大ヒットしていたFF車のマキシマで、このクルマがVQエンジンが搭載されるトップバッターとして想定された。

　総合的にバランスのとれた高いレベルの性能にすることが求められたわけだが、最大限の燃費向上を図れるエンジンとするために、次の三点の目標が掲げられた。

①エンジン自体の燃費素質を最大限に良くしていくこと。

②車両の小型軽量化に寄与するため、エンジンの軽量化、パッケージのコンパクト化のために、現在持っている最大限の技術を投入すること。

③コストはできるだけ抑えるよう企画・設計の工夫を凝らすこと。

さまざまなデバイスなどを装着せずに素のエンジンで、どこまで基本性能を上げることができるかの限界にチャレンジする開発であった。

2. エンジン各部の仕様

■各部の設計の狙い

以上のエンジン開発の狙いを実現するために、エンジン各部でどのような技術を採用するか、総合的な見地から検討されたのは、次のようなものであった。

①シリンダーブロックの材質

エンジンの軽量化を最重点に置き、シリンダーブロックのアルミ合金化を決定した。しかし、生産性を上げてコストダウンを図るためプレッシャーダイキャスト製法を採用する。シリンダーライナーは、その当時の常套的手法である鋳鉄ライナー鋳込み方式を採用することを考えていた。

②各部のフリクション低減と軽量化

ピストンのボアとの摺動面積減少やモリブデンコーティング、クランクピン、クランクジャーナル軸の細軸化、カムシャフトの細軸化・ジャーナル径縮小、最高回転速度低下や吸排気バルブ軽量化によるバルブスプリングのバネ定数低下など、フリクションの低減とともに、軽量化設計を徹底して推し進められることになった。

とくに、動弁が直動ではなくローラーロッカーを採用することにしたのは、低速時のフリクション低減のため検討された結果だ。このローラーロッカーはカムシャフトのロブに当たる部分にローラーを設けてアイドル回転から2000rpm付近までの運転域で滑り摩擦による摩擦損失を減らそうとするものである。

しかし、このローラーロッカーは最終的に採用せず、動弁方式もコンパクトな直動式に変更された。その代わりに、カムロブ表面のマイクロフィニッシュなどコストのあまりかからないフリクション低減策が徹底的に模索されて、性能的に補う対策がとられた。

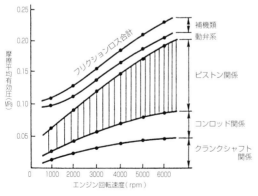

VQコンポーネント別フリクション。エンジン回転速度が上がると急激にピストンのフリクションが増えていくのがわかる。

③VTC（可変バルブタイミング）の採用

　低速トルクと高速出力の両立を図るため吸気VTCを採用することが当初から考えられた。しかし、VTCもコストが高く、車両が設定した原価枠に収めることができず、ローラーロッカー同様に採用が見送られている。

④ツイスト鍛造製法の鍛造クランクシャフトの採用

　VGエンジン（DOHC）ではカウンターウェイトをネジ止めする組み立て式クランクシャフトを採用していたが、軽量化及びコストダウンを狙い、生産ラインでクランクシャフトを90°捻るツイスト鍛造製法の技術確立をめざして生産技術本部と協力して進められた。

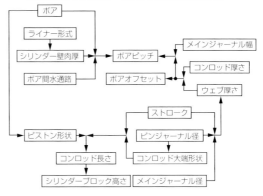

設計におけるシリンダーブロック基本諸元決定フロー

V型6気筒エンジンではシリンダーブロックの諸元は、主運動部品の形状やサイズにより決められる寸法が多い。

⑤動弁駆動に2段がけチェーン駆動の採用

　1980年代当時から、動弁駆動にタイミングベルトを採用するのが一般的となっていた。タイミングベルトは潤滑が必要ないためチェーンカバーなどのように密封する必要がなく、軽量化とともにコストダウンを図る仕様として一般化していた。

　しかし、タイミングベルトには致命的ともいえる欠点があった。ベルトはゴム製のため熱劣化、経時劣化が避けられないことだ。採用当初は、クルマ一生にわたる耐久性があると思われていたが、欧州市場などでタイミングベルト切れが頻発していたという。このため、日産はタイミングベルトを採用するにあたり、ベルトの10万km走行ごとの交換に踏み切り、かつタイミングベルトカバー内の雰囲気温度を100℃以下に抑えるという設計条件が設けられた。ところが、この条件はサービス部門や車両設計部からは不評であった。ユーザーに余計なサービスのための出費を強要することになり、また車両設計に当たっては、タイミングベルトカバーに外気を当てなければいけないため造形の自由度が狭められることになるからだ。もちろん、タ

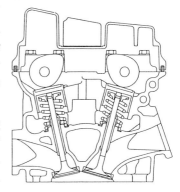

VQエンジンの燃焼室。VQエンジンでは27.7°という狭いバルブ挟み角でコンパクトな燃焼室を形成している。当初はローラーロッカーアーム式で設計が進められたが、結局直動式となった。

イミングベルトを採用しているVGエンジン及びRBエンジンも、この条件が守られているのはいうまでもない。

エンジン設計部がタイミングベルトを設計する際に守るべきガイドラインとしたのは、なるべく余分な負荷を与えないため、駆動するものはカムシャフトのみとするということであっ

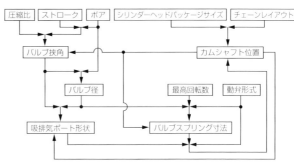

設計におけるシリンダーヘッド基本諸元決定フロー

各諸元は要求性能と摺り合わせながら決定していく。

た。タイミングベルトはエンジンの前方でクランクシャフトとカムシャフトの間に配置されており、ややもすればオイルポンプやウォーターポンプをこのベルトで駆動したいという欲求に駆られてしまう。

しかし、そのような補機を駆動することはベルトに余分な負荷を与えてベルトの寿命を確実に縮めてしまうことになる。日産の考え方が正しかったことは、その後、他メーカーが日産に倣ってカムシャフトのみを駆動するようになったことで証明されている。タイミングベルトが切れると、ピストンとバルブがぶつかってエンジンが破損されてしまう。タイミングベルトを換えるだけならそれほどの出費とはならないが、バルブやピストンを交換するとなるととんでもない大ごとになる。下手すればエンジンアッシー交換になってしまう。これを避けるために、ピストン冠面に付けるバルブリセス（バルブの逃げ）を深くするという対処療法を取ったメーカーもあったが、このリセス部に未燃ガスが溜まってHC排出が増えたり燃費が悪化するという跳ね返りが大きく、ベルトの負荷を下げるという根本対策に帰っていった。

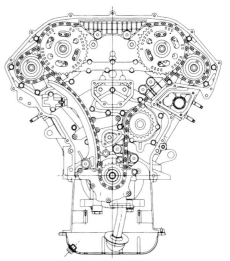

カム駆動の2ステージチェーン。VQエンジンでは新たに新2ステージカムドライブ方式を採用した。VEエンジンのカムドライブ方式で使っていたアイドラーギアを廃止して軽量化と省スペース化を図っている。

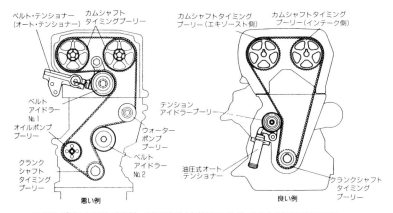

ベルト・テンショナー
（オート・テンショナー）

カムシャフト
タイミングプーリー

カムシャフトタイミング
プーリー（エキゾースト側）

カムシャフトタイミング
プーリー（インテーク側）

ベルト
アイドラー
No.1

オイルポンプ
プーリー

テンション
アイドラープーリー

クランク
シャフト
タイミング
プーリー

ウォーター
ポンプ
プーリー

ベルト
アイドラー
No.2

油圧式オート
テンショナー

クランクシャフト
タイミング
プーリー

悪い例

良い例

タイミングベルトのかけ方の例。これは直列4気筒用であるが、左のようなかけ方ではベル
トが切れる可能性が高くなる。しかし、ベルトのかけ方を工夫してもベルトの寿命を考慮しな
くてはならない。タイミングベルトよりチェーンのほうが好ましいという判断をしたわけだ。

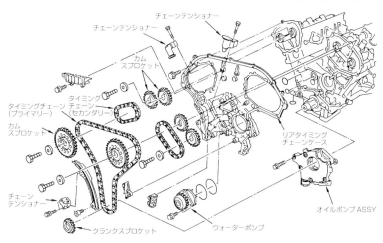

チェーンテンショナー

カム
スプロケット

タイミングチェーン
（プライマリー）

タイミング
チェーン
（セカンダリー）

カム
スプロケット

リアタイミング
チェーンケース

チェーン
テンショナー

オイルポンプ ASSY

クランクスプロケット

ウォーターポンプ

VQの動弁駆動系部品。プライマリーチェーンで両バンクの吸気カムを
駆動し、セカンダリーチェーンでそれぞれの排気カムを駆動する。

　日産は、このようにベルト負荷を減らしても、タイミングベルト駆動を続ける限り
は10万kmごとに交換が必要であり、30万km走行を保証するエンジンに使う部品とし
ては不適当という判断をした。この決断に基づき、1986年に発表したGAエンジンを
皮切りに、SR、VH、KAなどこれ以降の新エンジンはすべてチェーン駆動に変更さ
れている。当然ながら1989年に開発着手したVQエンジンもチェーン駆動を採用する
ことになった。

　チェーン駆動に戻ったといっても従来と同じチェーンを使うというわけではない。従

来は2段掛けのダブルチェーンであったが、新しいチェーン駆動では高強度シングルチェーンを採用して、音振はもちろん、幅や重量についても改善されている。

この高強度シングルチェーンというのが今日の自動車メーカーの標準となっている。今ではタイミングベルトでカムシャフトを駆動しているメーカーはもはや存在しない。

駆動方式は、1段目のチェーンで吸気カムとウォーターポンプを、2段目で吸気カムから排気カムシャフトを駆動する方式が採用された。チェーンカバーは最中方式でシリンダーヘッドの前方でチェーンを前後からアルミのカバーで挟み込む方法が採られた。こうすることで、シリンダーヘッドをタイミングベルト方式のようにコンパクトにつくることができるわけだ。チェーン駆動でありながらタイミングベルト駆動のようにカバーを設計したと考えてもらえばわかりやすい。

⑥2系統冷却方式の採用

今日では広くその効用が知られている2系統冷却方式をいち早く採用している。これは軽負荷時には水温を高めにセットして燃費を稼ぎ、高負荷時には増大した出力に応じてしっかりと冷却するという発想のシステムである。具体的には軽負荷時にはシリンダーブロックはほとん

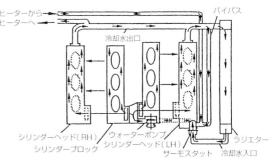

2系統冷却の採用で、シリンダーボアへの冷却水供給を止めることでボア壁温を30℃程度上昇させることができる。

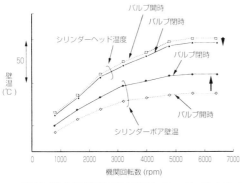

VQエンジン2系統冷却システムの効果。ウォーターコントロールバルブを閉じると冷却水はシリンダーヘッドにのみ流れ、シリンダーブロックには流れなくなる。するとシリンダーボア壁温は約30℃上昇し、これだけで10-15モード燃費を約1%改善している。

シリンダーヘッドの冷却水の流れ。各気筒の点火プラグまわりを重点的に冷却している様子がよくわかる。

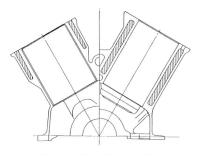

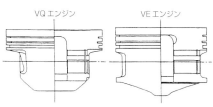

ウォータージャケット浅底化。燃焼により発生する熱はストロークの1/3程度まででそれ以下のウォータージャケットは冷却には寄与しない。そのぶんのジャケットを減らして冷却損失を低減するとともに軽量化が図られている。左がVQで、右がVEエンジンのウォータージャケット。

ＶＱエンジンのピストン。ＶＱ30ＤＥ用ピストンはVE30DE用に比べボア径が大きいにも関わらず約9%の軽量化を実現している。同等のボア径であれば30%の軽量化に相当する。これはコンプレッションハイト、ピストンピン全長及びスカート幅の短縮、応力分散やサーマルフローを徹底的に考慮した薄肉設計による。ちなみにVQ30DEはボア径93mm、ピストン重量471gであり、VE30DEはボア径87mm、ピストン重量518gである。

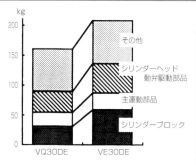

VQエンジンとVEエンジンの重量比較。

VQエンジンのVEエンジンに対する軽量化内訳

項目	軽量化代	主要技術
本体系	29kg	HPDアルミシリンダーブロック アルミ製オイルパン兼用ロアブロック
主運動系	5kg	サーマルフロータイプ軽量ピストン 高強度軽量コンロッド 細軸ツイスト鍛造クランクシャフト
動弁＆ 動弁駆動系	9kg	直動ソリッドバルブリフター 小型シリンダーヘッド 細軸中空カムシャフト 新2ステージチェーンシステム
その他	6kg	冷却水量削減 軽量設計吸排気マニホールド
合計	49kg	

ど冷却せず、高負荷になるとシリンダーブロックにも冷却水をまわして冷やすように切り替えバルブにより制御するというシステムである。

　燃焼により発生する熱はシリンダーヘッドに約8割、シリンダーブロックに約2割という割合で入るため、低負荷時はシリンダーブロック側に冷却水を循環せずに水温を90℃程度に保ったほうが燃費が良くなるのである。

　このほかにシリンダーブロックのウォータージャケットを浅底化して、ピストンリングからの冷却を必要最小限にして過剰な冷却損失を防ぐようにしている。こうした考え方は、その後燃費向上、軽量化の手法として広く取り入れられるようになった。

⑦主運動部品の徹底した軽量化

　ピストン、コンロッドの徹底的な軽量化設計が目指された。ピストンやコンロッドなどの往復運動する部品は大きな慣性力を受けるが、その慣性力は自重によるものであるため、部品をうまく設計して軽くつくれれば、そのぶん受けるストレスは少なくなる。逆に壊れるからといって部品を補強すると重くなることでストレスが大きくな

り、また壊れるという悪循環に陥ってしまう。必要ない部分の駄肉を徹底的に削ぎ落とす設計をして軽くすることでストレスを減らし、さらに軽くするという良循環になる設計が目指された。VEエンジンの部品と比べてみると、その違いが歴然とわかる（141・142頁写真参照）。

■ボア・ストローク寸法の決定

　新エンジンを最初に設計するとき、まず考えるのはボア・ストロークをどうするかである。VQのボア・ストロークは、RBエンジンのシリーズのボア・ストロークを参考にしていたので、まずRBエンジンの場合、どのように決められたか見てみよう。

　RBエンジンでは、シリーズとして2リッター、2.4リッター、3リッターという3種類の排気量をつくることが前提であった。2リッターは国内市場用、2.4リッターは中近東市場用、3リッターは豪州市場および豪州のGMH（GMホールデン）社用OEMである。2リッターと2.4リッターは同じストロークにし、2.4リッターと3リッターは同じボア径にするという考え方はVGエンジンと同様である。

　VGエンジン企画時はDOHCまでは構想に入っていなかったが、RBシリーズの企画では最初からDOHC仕様を想定していた。2リッターのDOHCはもちろんのこと、2.4リッターの高性能版が本命エンジンであると考えていた。このときは、まだ具体的にGT-Rの構想はなかったが、DOHCターボでリッター当たり100ps程度の性能が頭に描かれていたのである。

　2リッターのボア・ストロークは、このような高性能化を念頭に置いてもVGエンジンと同様の78×69.7mmを選定することがベストであると考えられた。もちろん、RB20Eエンジンを2年という超短期間で開発する必要があり、VG20Eと同じボア・ストロークにすることで、その達成が可能であることも大きな要素ではあった。

　ストロークを69.7mmにして、それを2.4リッターに拡大するにはボアが86mmとなる。86mmはVGの87mmに対して1mm小さいが、日産のボアの系列ではむしろ87mmのほうが

	VQエンジン発表当初の主要諸元				
搭載車両	Y33(セドリック／グロリア)	←	A32(セフィーロ)	←	←
エンジン	VQ30DE	VQ30DET	VQ30DE	VQ25DE	VQ20DE
形式・気筒数	60°V型6気筒	←	←	←	←
排気量(cc)	2988	←	←	2495	1995
ボア・ストローク(mm)	93.0×73.3	←	←	85.0×73.3	76.0×73.3
シリンダーピッチ(mm)	108	←	←	←	←
圧縮比	10.0	9.0	10.0	←	9.5
動弁系式	直動式DOHC	←	←	←	←
カム駆動方式	チェーンプラスカム間チェーン	←	←	←	←
整備重量(kg) A/T	163	169	161	159	157
最高出力(kW/rpm)	162/6400	199/6000	162/6400	140/6400	114/5600
最大トルク(Nm/rpm)	280/4400	368/3600	280/4400	235/4000	186/4000

日産V型6気筒エンジン(3リッター)の比較

エンジン		VQ30DE	VE30DE	VG30DE	VG30E
搭載車		A32(FF)	J30(FF)	FY31(FR)	J30(FF)
シリンダー配列		60°V型6気筒	←	←	←
動弁機構		DOHC4バルブ	←	←	SOHC2バルブ
動弁駆動方式		新2ステージチェーン	2ステージチェーン	タイミングベルト	←
バルブ挟み角(deg)		27.7	30.0	46.0	50.0
吸排気バルブ径(mm)		36.0/31.2	35.0/30.5	34.0/29.5	42.0/35.0
燃焼室形状		中央点火ペントルーフ	←	ペントルーフ	←
総排気量(cc)		2987	2960	2960	2960
ボア・ストローク(mm)		93.0×73.3	87.0×83.0	87.0×83.0	87.0×83.0
圧縮比		10.0	10.0	10.0	9.0
最高出力(kW/rpm)		162/6400	143/5600	147/6000	118/5200
最大トルク(Nm/rpm)		280/4400	261/4000	260/4400	248/3200
寸法(mm)	長さ	685	700	717	655
	幅	630	725	733	680
	高さ	700	700	708	665
整備重量(kg)		161	210	214	175
発表、発売時期(年)		1994	1991	1988	1988

例外的であった。

　VGの場合はV型6気筒にすることを考慮して、多少ショートストロークを狙って87mmを採用したのである。このような経緯からRB24、RB30のボアは86mmに設定された。86mmのボア径はL28エンジンと共通で、ボーリングやホーニングの設備の流用することが可能である。2.4リッターの86×69.7mmというかなりショートストロークの設定は上記の高性能仕様を多分に意識しているのはもちろんである。3リッターについてはボア径を86mmに置いたので、ストロークは必然的に85mmとなった。

　このようにRBエンジンのボア・ストロークは従来のエンジンとの関係、シリーズ内の共通性に重点を置いてボア・ストロークを設定したのだった。しかし、かといってそれぞれの排気量に最適なボア・ストロークを設定したとしても現状の設定とそれほど違ったものにはならなかったと思われる。そうであれば設備投資を抑えたほうが得であるのはもちろんである。

　さて、VQエンジンの場合、2リッター、2.5リッター、3リッターと3種類の排気量を設定することが前提にあったから、この3種類の排気量をどのようなボア・ストロークに設定するかからスタートする。

　3種類の排気量を設定する場合、いちばん考えやすいのは2リッターと2.5リッターの2種類のストロークを共通とし、2.5リッターと3リッターの種類のボアを共通とする設定方法である。RBの場合は、この考え方に則って設定しているのは上に見た通りである。

　別の方法としては、3種類のストロークを共通にする、または3種類のボア径を共通にする方法がある。

さらに、3種類の排気量にそれぞれ最適と信じるボア・ストロークを選ぶという方法もある。このそれぞれの排気量ごとに異なるボア・ストロークの設定は一見潔く理想的に見えるが、エンジンコスト、設備投資やその後の発展性を考えると賢い選択とはいえないだろう。

VQでは、ストロークを共通にしてボア径で排気量を変えるという方法が選択されている。この方法では、シリンダーブロックは排気量ごとに設定するので3種類になり、クランクシャフトもストロークこそ共通だがカウンターウェイトやピン径が排気量で変わるため、やはり3種類になるから、あまり得策ではないという見方もあるだろう。

しかし、ボア径あるいはストロークが共通であっても、どのみち排気量が変われば部品の仕様は変わってしまう。そこで、ストロークが同一であれば機械加工設備はかなりの部分を共用化できるので、そのぶんは設備投資を節約できるメリットがあるというのが設計チームの考えだった。

ボア径のみで排気量を変える場合、最小排気量エンジンではロングストローク傾向となり、排気量が大きくなるにつれてショートストローク傾向になる。これはエンジンの性格付けを考える上で理に適っているといえるだろう。排気量が変わっても、必要な低速トルクはそれほど変わるものではない。発進のしやすさやハイギアでの粘りなどの要求は、排気量に関わりなく要求される基本性能である。

それに対して、最高出力は排気量に応じて変わるのが当たり前である。とすると、小排気量では低速での粘りを重視するロングストロークを選び、排気量が大きくなるにつれてショートストロークにして出力性能の向上を図るというわけだ。このような考え方を基本に置いて、ストロークを共通にすることが決められた。

次は、ストロークをどのくらいの長さにするのかが問題になる。この場合、ストロークの長さを決めることがエンジン素性に大きな影響を与えるので、2リッター仕様の低速トルクと3リッター仕様のボア・ストロークレシオを考慮して決められた。

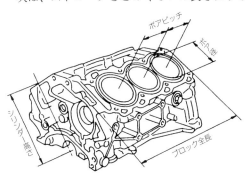

VQエンジンのシリンダーブロック。VQ30のボア径は93mmとVG30よりも6mm大きくなっているが、ボアピッチは同じ108mmに抑えられている。

まずベースとなる2リッターのボア・ストロークをどうするかが最初の課題である。日産伝統のボア・ストロークである78×69.7mmとするのがいちばん無難であると思われるが、このボア・ストロークを採用しているL20、VG20、そ

してRB20ともに低速トルクが競合他社に比べて少し劣っているという指摘があったのだ。

そこで、これより少しロングストロークサイドに振る方向で検討された。同じストロークを3リッターに採用したときにあまりショートストロークになりすぎず、V型8気筒のVH45エンジンと共通のボア径93mmを使えることから、基本となるストロークは73.3mmという数値が選定された。もちろん、メインの排気量になるであろう2.5リッター仕様で最高出力と低速トルクのバランスが最良になると思われる85×73.3mmを選べることを検討した上での話であった。

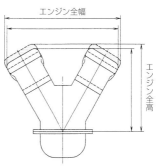

パッケージサイズではVQエンジン（FF搭載用）はVEエンジン比で全幅105mm、全長15mmのコンパクト化を達成している。

V型6気筒エンジンでは、ボアピッチがクランク系の寸法で決まってくるので、やたらとロングストロークにすることは、構造的に大きく取ることのできるボア径をいたずらに押さえ込んで、シリンダーブロックの高さを伸ばすことになってしまう。そうならない範囲で、コンロッド長さを適度にすることでサイドフォースを抑えることなどを考慮に入れたボア・ストロークにしている。

2リッター、2.5リッター、3リッターと3種類の排気量に加えて、FFとFRの両方に対応できるようにシリンダーブロックなどの仕様は当初から2種類を設定するように考えられていた。FF搭載の2リッター及び2.5リッターは主として国内向けに、FF搭載の3リッターは北米をターゲットにしていた。FR搭載車の主要なマーケットは国内であったが、将来的には北米もターゲットとしていた。VQを企画した当時はヨーロッパは主要マーケットではなかったが、VG搭載のマキシマを引き継ぎ、FF搭載で2リッターと3リッターを想定されていた。

最小排気量の2リッターでは、低速トルクを重視し、最大排気量の3リッターでは最高出力のポテンシャルを確保できるようボア・ストロークが選定されたわけだが、そのためにストロークを一定にしてボア径で排気量の大きさを決めることにしたのは、採用したボア径の大きさが従来から日産で使っている実績のあるサイズであり、設備や部品の互換性に留意してのことでもあった。

開発チームのこの選定に対して、一部から3リッターのボア・ストローク比がショート過ぎるのではないかとの指摘があったが、フェアレディZまでをカバーする出力性能とマキシマとしての燃費ポテンシャルの両立を高いレベルで図ることのできるものとして、この93×73.3mmはエンジンが世に出るまで堅持された。

将来のレース用エンジンとするためのポテンシャルは、最大ボアの93mmを使ってショートストロークの2.5リッターでDTM（ドイツツーリングカー選手権）への対応が想

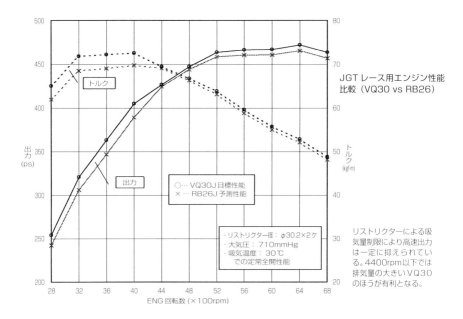

JGT レース用エンジン性能
比較（VQ30 vs RB26）

○… VQ30J 目標性能
×… RB26J 予測性能

・リストリクター径：φ30.2×2ケ
・大気圧：710mmHg
・吸気温度：30℃
　での定常全開性能

リストリクターによる吸
気量制限により高速出力
は一定に抑えられてい
る。4400rpm以下では
排気量の大きいVQ30
のほうが有利となる。

DTM出場用エンジンと日産VQエンジンとの比較諸元

年式	1993年仕様	1993年仕様	目標値
車両	ベンツ190E2.5-16	アルファロメオ155	VQ25改
気筒配列	直列4気筒	72°V型6気筒	60°V型6気筒
総排気量(cc)	2490	2498	2498
動弁形式	DOHC16バルブ	DOHC24バルブ	DOHC24バルブ
ボア・ストローク(mm)	97.8×82.8	93.0×61.3	93.0×61.3
圧縮比	12	12.5	12.5
最高出力(ps/rpm)	375/9500	420/11800	450/12000
最大トルク(kgm/rpm)	30.6/7500	30.6/9000	31.5/9000
駆動方式	FR	FRベース4WD	FR
エンジン重量(kg)		145	135

日産車JGTレース出場エンジン諸元

	1995年第1戦	1995年第4戦	1996年第1戦	1996年第4戦	1998年
エンジン形式	RB26DETT改 （N1ベース）	RB26DETT改	←	RB26J	RB26J改
総排気量(cc)	2568	←	←	←	2708
ボア・ストローク(mm)	86.0×73.7	←	←	←	86.0×77.7
圧縮比	8.5	7.8	8.0	7.8	8.8
サンプ方式	ウェット	←	←	ドライ	←
最高出力(ps/rpm)	—	—	—	—	—
最大トルク(kgm/rpm)	—	—	—	—	—

	1999年	2000年	2002年	2007年
エンジン形式	←	←	VQ30J	VK45DE
総排気量(cc)	←	←	2987	4494
ボア・ストローク(mm)	←	←	93.0×73.3	93.0×82.7
圧縮比	9.4	9.6	10.1	（13以上）
サンプ方式	←	←	←	←
最高出力(ps/rpm)	—	460/6000	485/5600	500/7000
最大トルク(kgm/rpm)	—	70/4400	75/4000	52/6000

定されており、この場合、ストロークは61.2mmとする計算だった。

　VQ開発時点ではR32GT-RのグループAレースでの圧倒的な強さにライバルがいなくなり、結果としてグループAカテゴリーのツーリングカーレースが廃止されてしまった。したがって、VQの開発では、レース用としてのRB26エンジンの直接の後継エンジンということではなく、レースに出場するとなれば、この時点ではヨーロッパでくり広げられるツーリングレースであるDTMを目指した想定をしていたということだ。

　参考までに、前頁に実際にレースに出場したRB26エンジンと比較したVQ30エンジンの目標性能のグラフやレース用エンジンの諸元表を示しておく。

■VQエンジン開発ストップの動き

　ここで、VQエンジン開発の途中で起こった開発ストップの動きについて触れておきたい。

　VQに先行して開発されたFF車専用V型6気筒であるVE30エンジンは、1991年に北米輸出用マキシマに搭載され発表・発売されたが、マキシマにはこのVE30エンジンのほかに、SOHCのVG30Eエンジンも搭載されていた。性能的にはVG30Eエンジンに比べて新しく開発されたVEエンジンにあまり優位性はなく、値段が高く、重くなったエンジン重量によりフロントヘビーになったVE30エンジン搭載仕様は人気を得るには至らず、売れ筋はVG30Eエンジン搭載車であった。

　そのため、VE30エンジンの生産台数は伸びず、結果として投資の回収はほとんどすることができないで終わったが、このVE30エンジンの存在がVQエンジンの開発に立ちはだかった。同じV型6気筒としてDOHCエンジンとなっているFR車用のVGエンジンがあり、さらにFF用のVEエンジンが存在しているのに、同じV型6気筒の新しいエンジンを開発するのは、"屋上屋を重ねる"ことではないかと、VQの開発の必要性が問われたのだ。VQエンジンの開発を進めれば、多額の設備投資をしたVE30エンジンをわずか3年で没にしてしまうことになる。そのため、VQエンジンに投資することは日産トップにとって許し難いことに思えたということだ。

　しかし、時代の要請に応えるためには、たとえ過去の投資を無駄にしてもVQエンジンを開発、リリースすることが必要と開発部隊が考えていたから、必然的に社内で大きな議論となった。

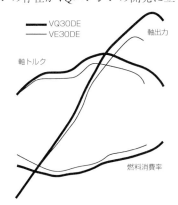

VQ30DEとVE30DEの出力比較。主運動部品、動弁系部品の大幅な軽量化によりフリクションを徹底的に低減し、また吸排気系の最適設計により同じ排気量ながら最高出力で13%、最大トルクで11%勝る性能を実現した。

経営トップはVQ開発の進行に首を縦に振らず、必要ならVEエンジンのシリンダーヘッドをVQエンジン仕様に変更すれば良いのではという提案が出された。しかし、VEエンジンのシリンダーヘッドだけをVQ仕様にしても重量、寸法、性能ともにVQに及ぶ性能になるはずもなく、目標の達成には遠く及ばない結果を招きかねない状況だった。

このままではVQのコンセプトを実現することが不可能になってしまうかもしれないと考えた開発スタッフは、VQエンジンの開発がなぜ必要かアピールすることにした。VEエンジンとVQエンジンの違いが工場関係の人たちにもわかるような資料を数週間かけてつくり、それを展示して首脳陣に来てもらい、説明の場を持った。VEエンジンとVQエンジンのコンセプトの違い、性能、コストの差をわかりやすく図解して、シリンダーブロックやヘッド、ピストン、コンロッド、クランクシャフトなどの主要部品を実際に並べて、その違いを実感できるようにした。

開発スタッフの必死の説明に、ようやく首脳陣は耳を傾け理解を示したようで、このプレゼンテーションの後、本社でVQ開発続行の可否だけを論議するための経営会議が開催された。この経営会議では首脳陣のひとりが強力にVQ開発の後押しをし、力強い応援演説をした。

首脳陣のなかには大きな投資となるVQ開発には前向きではない人もいたので、最初はどうなるかという感じであったらしいが、次第に会議の流れがVQを開発しなければ、未来の日産はないという方向に変わり、最終的にVQ開発にGOサインが出されたのである。

3. VQ開発で当初採用が見送られた技術

VQを企画した1989年時点で採り入れられる技術は、すべて採用する意気込みで開発が進められたが、当初の企画どおりに採用することができなかった技術がいくつかあった。それらはVQエンジンが誕生した後になってから採用され、その後の性能向上に効果的な働きをした。ここで、当初に予定されたもののなかで、開発が先送りされた重要なものにどのようなものがあるか見てみよう。

■ラダーフレーム

シリンダーブロックのスカート構造は、ディープスカートとハーフスカートとがある。

ディープスカートはクランク軸よりも下までスカートが伸びている形状で、ブロック剛性を高く取れる反面、重量は若干重くなる。しかし、ハーフスカートはそのぶん

オイルパンの重さが増えるので、ディープスカートぶんそっくり重さが減るわけではない。剛性が要求される直列6気筒エンジンは、ほぼすべてのエンジンがディープスカートであるが、直列4気筒やV型6気筒では両方とも存在している。

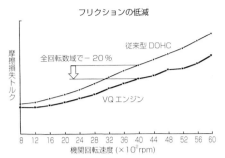

フリクションの低減

摩擦損失トルク

全回転数域で−20％

従来型 DOHC

VQエンジン

機関回転速度（×10²rpm）

8　12　16　20　24　28　32　36　40　44　48　52　56　60

VQエンジンではフリクション低減だけでVG-DOHCに対して出力で約10ps向上させている（3リッターエンジンで比較）。

　日産は伝統的に軽量化しやすいハーフスカートを好む傾向が見られたが、2000年代になってからシリンダーブロックの剛性及びクランクジャーナルの支持剛性ともに高く保つことができるラダーフレーム方式を採用するようになった。これはエンジンの気筒配列を問わず一般化している。

　ラダーフレームを採用すると、クランクジャーナル軸のセンターでシリンダーブロックが分割されるので、ブロックだけに着目するとハーフスカートであるが、ラダーフレームまでセットで考えれば、ディープスカートと見ることができる。

　アルミ合金製のシリンダーブロックとラダーフレームの組み合わせで問題となるのが、クランク軸のメタル打音である。クランクシャフトは炭素鋼あるいは鋳鉄製であり、アルミ材に比べて線膨張係数が半分である。

　このため、常温時に適切なメタルクリアランスで組み付けると、140℃近辺にまで温度が上昇する運転時にメタルクリアランスが広がってしまうことになる。メタルクリアランスの最適値は $20\mu m$ 前後なので、常温の20℃で適切なクリアランスをとって組み付けると、運転時に140℃まで温度が上昇すると約 $80\mu m$ に広がって、クリアランスは $100\mu m$ になってしまう。

　そのためにメタル打音が発生しやすくなる。これを防ぐには、従来のアルミブロックエンジンでは、ベアリングキャップには鋳鉄材を使ってメタル打音を抑えていた。しかしラダーフレーム構造ではベアリングキャップ側もアルミになるので、メタル打音が発生する可能性が高い。

　そのころヨーロッパのメーカーでは鋳鉄をアルミのシリンダーブロックとベアリングキャップに鋳込む方法を採用するようになった。こうすればアルミブロックでもラダーフレームが採用できるが、日産ではまだ採用したことがない工法だった。そのためリスクが大きく、ラダーフレームを諦めることにしたのだ。

　このラダーフレームは、2006年にV36スカイラインに搭載するため大幅なマイナーチェンジを受けたVQ25HR、VQ35HRエンジンで採用されている。

VQエンジン試作時のエンジン本体仕様

	部品	項目	VQ30 正規仕様	VQ30 1次試作	VQ30 先行2次	VE30
本体系	シリンダーブロック	形式	HPDCオープンデッキ ボア間サイアミーズ	グラビティオープンデッキ	グラビティセミクローズド	鋳鉄 フルジャケット
		材質/肉厚(mm)	ADC12/3	AC2A-F/3	←	FCA/4
		ライナー	FCA 厚さ2mm			なし ボア肉厚5mm
		シリンダーピッチ(mm)	108	←	←	
		バンクオフセット(mm)	40	←	←	41
		ジャケット深さ(mm)	60	←	←	128
	ベアリングキャップ	材質	FCD	←	←	FCA
	ビーム	材質	ADC12	←	←	FCA
主運動系	ピストン	コンプレッションハイト(mm)	31.0	←	29.8	32.0
	ピストンリング top	厚さ(mm)	1.2	←	←	1.5
	ピストンリング 2nd	厚さ(mm)	1.2	←	←	1.5
	ピストンリング oil	厚さ(mm)	2.5	←	←	3.05
	ピン	ピン径(mm)	20	←	←	
	コンロッド	大小端距離(mm)	147.15	←	148.25	154.15
	クランクシャフト	ジャーナル径(mm)	60	←		63
		ピン径(mm)	45	←		50
		材質	SV40	←		SV45
	フライホイール	仕様	フレキシブル	←	←	
動弁系	吸気バルブ	傘径/ステム径(mm)	φ36/φ6	←	←	φ35/φ6
	排気バルブ	傘径/ステム径(mm)	φ31.2/φ6	←	φ31/φ6	φ30.5/φ6
	バルブスプリング	セット長(mm)	37.0	←	33.9	36.0
		バネ定数(kg/mm)	2.4	←	2.5	3.4
	バルブリフター	形式	直動ソリッド	←	スイングアーム	←
		直径×長さ(mm)	φ35×26	←	—	—
	シム	形式/直径(mm)	アウター/φ31	←	—	—
冷却系	ウォーターポンプ	プーリ比	0.913	←	0.917	1.25
	燃料系	インジェクター形式	サイドフィード2方向	←	←	←

■ローラーロッカーアーム

　動弁のアイドルや低速走行時のフリクションを下げるのにローラーロッカーアームは有効な手段となる。エンジン回転速度1000rpm付近では動弁系のフリクションが全体の30%程度を占めるので、このフリクションを下げることは燃費向上効果が大きい。しかし、ローラーロッカーを使うにはロッカーアームが必要で、部品コストも高

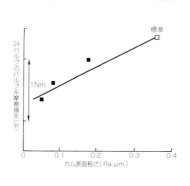

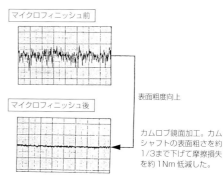

マイクロフィニッシュ前

マイクロフィニッシュ後

表面粗度向上

カムロブ鏡面加工。カムシャフトの表面粗さを約1/3まで下げて摩擦損失を約1Nm低減した。

く、重量も増すので高回転のバルブ追従性が劣ることになる。

VEエンジンではローラーロッカーの採用が決められており、VQの先行2次試作でも採用する計画が立てられていた。重量やコストの問題を最小限に抑えるため超小型版を試作し、機能、耐久実験が行われたが、車両開発部隊からのエンジン原価低減要求の圧力は非常に厳しく、シンプルな構造である直動システムにすることになり、結局コスト面からローラーロッカーの採用は見送られた。

その代わりに、カムノーズのマイクロフィニッシュ、アルミバルブリフターの採用などフリクション低減を別なかたちで達成する方法が採られ

アジャストシム

バルブリフター
（アルミ合金製）

φ35

アルミリフター（3リッターのみ）。高シリコンアルミ合金を採用して約40％の軽量化を実現した。この高シリコンアルミ合金は強度が高く、アウターシムとの摺動時の耐摩耗性、耐熱性に優れる。リフター側面はNi-Pメッキを施しシリンダーヘッドリフターガイドとの摺動摩耗に対処している。

た。結果的には、シンプルな直動方式を採用しながら、目的の性能にするという効率の良い開発となった。コスト削減要求が厳しかったことで、それをバネにした開発となり、技術者たちは鍛えられ目標を達成したのである。

■可変吸気バルブタイミングVTC

可変システムのVTCは日産が得意とした技術で、VGやVEエンジンで採用して実績を積んできている。VQにも採用すべく、先行2次エンジンには組み込んで試作されていた。バルブタイミングを可変にするのは、エンジンの低速から高速まで高い充填効率を実現するための有効なシステムである。

もちろん、VGやVEと同じ技術を使うのではなく、応答性を改良し、より広い変換角、連続可変機構なども入れるなど、改良を進めて開発していた。しかし、このVTCもコストが掛かる技術であり、エンジンのコスト削減要求は厳しく、採用を諦めざるを得なかった。

VTCなしのエンジンで、どのように目標性能を達成するのか検討された。VTCは、エンジンの高性能化技術としてすでに実績があり、是非とも採用したいものだったが、逆にこれなしで目標性能を達成する方法を追求するのはチャレンジングなものであった。

まず基本性能を磨き上げるべくフリクションロスの低減、バルブタイミングのきめ細かな選定、吸排気システムの改良など、ベースの性能を限界までレベルアップする努力が続けられた。さらに、可変吸気システムを駆使して乗り切ることにした。北米仕様では日本市場ほど最高出力は要求されないので、可変吸気さえもはずす仕様で仕

上げられた。

連続可変のVTC技術は1998年に発表された直噴仕様のVQ25DDでCVTCという名称で採用されている。先行2次試作で開発した技術は無駄にはならなかったわけだ。

■ライナーレスアルミシリンダーブロック

ベンツ、BMWなどが一部の高級車種用のV型エンジンにA390などの高シリコン含有アルミ合金をシリンダーブロックに使い始めていた。この高シリコン材はシリコンを16〜18%含んだアルミ合金で、材料強度、耐摩耗性が高く、熱膨張係数が低いのでシリンダーブロックの材料としては優れた性質を持っている。

A390合金を使うとシリンダーライナーを使う必要がなくなるため、軽量化、ボア冷却改善などの効果が期待される。そこで、VQでも採用の可能性が検討された。

ボアの表面に合金中のシリコン粒子を突出させることで油だまりを形成させて耐摩耗性、耐焼き付き性を向上することができるから、A390合金はシリンダー部分には都合の良い特性を持つ。

しかし、それ以外の部分にはこの性質は都合が悪いものであった。この高シリコン材は材料価格が高いうえに、きわめて硬いシリコン入りアルミ材を切削しなければならず、加工性が悪い。つまり、工具が高価で切削時間もかかるものだった。ハイプレッシャーダイキャストでは成形できず、重力鋳造が必要とされるため、生産性も悪くなる。

このように、シリンダーライナーを廃止できる利点を持つ反面、コストや生産性には大きな問題があることでA390合金の採用

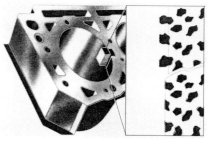

A390アルミ合金のシリンダーブロック。シリンダーをボーリングした後にエッチングすることで表面のアルミが少し削られてシリコンの結晶を表面にさらすことになる。この表面がシリンダー壁となるのでピストンやピストンリングが摺動しても摩耗することがない。右図の下がエッチング前で黒く見えているのがシリコンの結晶。その上の図がエッチング後でシリコンが析出しているのがわかる。

VQエンジン試作時の主要諸元

項目	VQ30 正規仕様	VQ30 1次試作	VQ30 先行2次	VE30
形式・気筒数	60°V型6気筒	←	←	←
排気量(cc)	2988	←	←	2960
ボア・ストローク(mm)	93.0×73.3	←	←	87.0×83.0
シリンダーピッチ(mm)	108	←	←	←
圧縮比	10.0	←	←	←
動弁系式	直動式DOHC	←	ローラーロッカー式DOHC	←
カム駆動方式	チェーン+カム間チェーン	←	チェーン+シザーズギア	C4チェーン
整備重量(kg)	161	170(目標)	170(目標)	210
最高出力(kW/rpm)	162/6400	149/6000	149/6000	143/5600
最大トルク(Nm/rpm)	280/4400	260/4000	260/4000	261/4000

を諦めざるを得なかった。その後、トヨタもV型8気筒エンジンに採用を検討したようだが、結局のところ採用にはいたっていない。

4. 先行2次試作エンジン

　1990年当時の新エンジン設計に際しても、現行エンジンをベースにした先行開発エンジンを試作して、新規投入技術を評価するというやり方をとっていた。この結果をフィードバックして1次試作エンジンをつくるわけだ。さらに、その結果(性能・機能評価、耐久性)をもとにして2次試作エンジンをつくることになる。この2次試作で、ほぼ生産仕様を固めて部品などの手配を行い、工場試作へと繋げていくのが開発パターンであった。ちなみに、先行1次試作はVGエンジンをベースとした試作仕様で、VQ30相当のボア・ストロークエンジンを試作し、燃費素質、排気素質、フリクション素質などを先行確認している。

　通常の場合は、先行2次試作でも同様なのであるが、VQエンジンの開発では、そのようなやり方を取っていない。先行開発エンジンをつくるに当たって、VGエンジンをベースにせずにまったくの新エンジンを試作している。試作した台数は先行実験が目的だったため3リッター仕様のみということで、わずか数機ではあったが、試作費用は当然ながら大幅に高くなった。それは試作台数に関わらずシリンダーブロックやヘッドなど鋳造部品、それにクランクシャフトやコンロッドなどの鍛造部品の型代がかかるからである。もちろん、吸気マニホールドなど多くの購入品についても費用を見込む必要がある。そのため、1機あたりの試作費は高く付くものになったが、こうした代償を払うことで1次試作への確かな足がかりを得ることができた。この先行試作エンジンは、日産の鶴見にあるエンジンミュージアムに保存されている(一般展示はされていない)。

　基本コンセプトに基づき、3リッターのFF仕様で、具体的な数字で示された目標は以下のとおりである。

・エンジン重量：整備重量170kg以下(VG比40kgの軽量化)。
・エンジン原価：VG-DOHC仕様を大幅に下まわること。
・最高出力：149kW/6000rpm(北米向けは135kW/5600rpm)。
・最大トルク：260Nm/4000rpm。

　このほかに実用燃費の改善、加速抵抗低減(レスポンス向上)、ストイキ燃焼領域の拡大、冷却損失低減、発進時の高級感などが目標となった。このうち、発進時の高級感というのは、アクセルレスポンス、走り出し時音振の静かさなどを目指した。音も

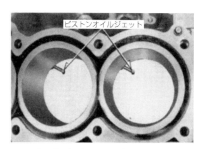

ピストンオイルジェット

オープンデッキ。アルミプレッシャー
ダイキャスト製。中子なしに金型で抜
くためオープンデッキとなっている。

なくスーッと発進する感じのことで、吸気騒音をどのように抑え込むかが課題であった。

先行2次試作エンジンは、実際には生産につながるVQエンジンの1次試作をつくる意気込みを持って開発されたという。

エンジン設計にはエンジンを企画する部署（エンジン担当）とその企画に基づき実際に部品を設計する部署（部品担当）があるが、エンジン担当は目標性能などを決める仕事をして、あとのレイアウトや部品仕様は部品担当に任せるというスタイルと、エンジン担当がレイアウトや部品仕様の大枠を決めて、部品担当はその決められたなかで設計をするというスタイルがあり、また両者の中間のやり方もある。

VQエンジンの場合は、エンジン担当が主体で仕様が決められたが、部品担当に彼らの創意工夫を充分に残すやり方が取られた。

そのコンセプトから見て、それまで以上に思い切ったレイアウトをすることが必要であり、部品担当が仕様を決めるような積み上げ型レイアウトでは目標性能を達成することができないという判断があったからだ。

各自が知恵を出し合って、あるべき姿を求めて仕様が固められていった。

VQを企画した当時のエンジン担当は少人数で、メンバーは、何よりスポーツカーを始めとする速いクルマが好きな人たちばかりだった。

先行2次試作で得られた成果は大きかった。このとき、シリンダーブロックは完全なオープンデッキにするまでに至らず中子を使うセミクローズドデッキにしてあった

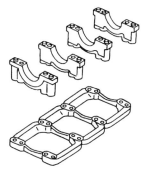

鋳鉄製ベアリングキャップとアルミ
ダイキャスト製ベアリングビーム。

が、鋳造したシリンダーブロックのアッパーデッキを改造してセミクローズドとオープンデッキのボア変形の差違や耐久性の違いが確認された。

この結果により、プレッシャーダイキャストのアルミシリンダーブロックで大ボアのオープンデッキ構造におけるボア変形特性や耐久性確認、オープントップのジョイント面のヘッドガスケットシール性などがどうなるか確認した結果、オープンデッキにしても問題がないという結論に達した。

また、アルミブロックで問題になるメタル打音は、鋳鉄製ベアリングキャップとアルミダイキャストベア

リングビームの組み合わせで解決の目処が付けられた。

　これらの問題は現在でこそ当たり前の構造となっているが、1990年当時はまだまだ解決されてはいなかったものだった。

5. VQエンジン仕様の決定

　基本仕様は先行2次エンジンで確認した結果に基づき、VQエンジンの1次試作に進むにあたり、1990年8月にエンジンの仕様が決められていった。

■シリンダーブロック及びシリンダーヘッド

　クランク軸で分割されるハーフスカートタイプとしているが、ブロックの剛性を確保するために、アルミダイキャスト製ロアブロックが設定されている。プレッシャーダイキャスト製法によるアルミ製（実際の試作はAC-2A材による重力鋳造）である。アッパーデッキは中子を使わないダイキャスト製法に対応したオープンデッキタイプで、ボアピッチは108mmでVG及びVEと共通にして、バンク間オフセットは40mm（VG、VEは41mm）となっている。

　企画どおり2リッター、2.5リッター、3リッター用にボア径違いの3種類としている。

　メインジャーナル径は全排気量共通で60mmに設定、ベアリングキャップは鋳鉄製で、アルミダイキャスト製ビームをキャップボルトで共締めされている。ベアリングキャップに鋳鉄を使うのは、ジャーナル軸のメタル打音を防ぐためである。アルミの熱膨張係数は鉄の約2倍で、常温で適切なクリアランスに設定すると運転時には温度が上がってクリアランスが広がってしまうことへの対策である。

　シリンダーヘッドの基本構成は、4バルブDOHCペントルーフ燃焼室として、直動式ソリッドバルブリフターとすることになった。

　先行2次のシリンダーヘッドは、ロッカーアームにローラーロッカーを組み込んだ仕様としていたが、目標原価に収めるために直動バルブリフターに切り替え

VQシリンダーブロック。プレッシャーダイキャスト製法により砂中子を廃止して生産性の大幅な向上を実現した。給油孔は鋳造型で成形して加工部分を最小限にすることで加工時の皰によるオイルリークを最小限度に抑えた。

アルミダイキャストベアリングビーム（3リッターのみ）。鋳鉄製ベアリングキャップと共締めでシリンダーブロックに取り付けられる。運転時のベアリングキャップの倒れを抑制してフライホイールの触れまわりによるゴロ音の発生を抑えている。

アルミ製ロアーケースの採用で、ハーフスカートでありながら非常に高いブロック剛性を確保している。また、トランスミッションとの結合剛性を向上してパワートレーンとして個有値を上げて運転時の変形による音振悪化を防止している。

アルミチェーンカバー。前後2分割のアルミダイキャスト製。シリンダーヘッドと分離することで生産性の向上及び軽量化が図られた。また、曲面形状として表面からのチェーンノイズ放射音を低減させている。

VQシリンダーヘッド。バルブ挟角を27.7°と小さくしてコンパクトな燃焼室を実現した。また、直動ソリッド動弁システム、もなか形チェーンカバーにより小型軽量なシリンダーヘッドとすることができた。

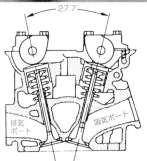

たのである。ただし、VG-DOHCのような油圧リフターではなく、シンプルなアウターシム式としている。また、動弁駆動のチェーンカバーは別体式にしてシリンダーヘッドはコンパクトに収めた。

■主運動部品

　高速で動きまわる部品であるピストンやコンロッド、クランクシャフトは軽くつくることが何より重要である。ピストンは単振動に近い運動をしているわけで、上死点と下死点でピストンにかかる力が最大になる。

　そして、ピストンにかかる力の原因はピストン自身の重量であり、ピストンが受け

る力はエンジンの回転速度の2乗に比例するので、高回転になるほど、重さはよりピストン自身に辛くなるのである。

そこで、とにかくピストン重量を減らすことが心がけられた。ピストンが軽ければそれに連接するコンロッドにかかる力も小さくなるので、軽くつくることができる。ピストンとコンロッドが軽ければ、クランクシャフトのピンにかかる力も小さくなって、ピン径を細くできるし、クランクシャフトのジャーナル径も細くできる。

このように、連鎖的に運動部品が軽くつくれることになる。したがって、ピストン重量が軽くできるかどうかがエンジン開発における技術力のバロメーターになるといわれているほどだ。

VQエンジンでは、最高回転速度も従来より落とした設計にして、より軽量な設計を可能にしている。すなわち、VQの往復慣性重量はVEエンジンの0.83倍、最高エンジン回転速度は0.98倍なので、最高回転速度でピストンが受ける力は0.8倍、つまり2割減っている。

この力は加振力となるので、エンジンの振動も比例して減ることになる。ボア径はVQ93mm、VE87mmとVQのほうが大きいにもかかわらずピストンは軽くなっているのである（125頁図参照）。

そのいっぽうで、エンジン重量も210kgから161kgと大幅（23%）に軽量化されているので、トータルとしての振動素質はほとんど変わらない。逆にいえば、エンジンを軽量化する場

VQ/VE　ピストン入力比較

	VQ30DE	VE30DE	備考
ピストン重量(g)	490	545	ピストンピン、リング込み
コンロッド重量(g)	550	810	メタル込み
往復慣性重量(g)	673	815	－
最高回転速度(rpm)	6500	6600	－
ピストンにかかる力 （最高回転時）	0.8	1（基準）	－

往復慣性重量＝ピストン重量＋コンロッド重量×1/3

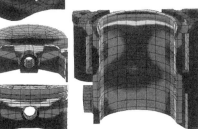

ピストンの熱応力解析（温度分布）

ピストン冠面から入ってくる熱をシリンダーボアに効率的に逃がす設計をしている。

VQとVEのコンロッド比較。ピストンの軽量化及び低炭素ボロン鋼の採用＋ショットピーニング加工による座屈強度向上によりコンロッドの大端径縮小、Iセクションのスリム化を実現した。

	VG20	VG30	VE30	VQ20	VQ25	VQ30(FF)	VQ30(FR)	VQ35	VQ25HR	VQ35HR	VQ37VHR
ジャーナル軸径(mm)	53	63	63	60	60	60	60	60	60	65	65
メインメタル幅(mm)	20	20	20	20	20	20	20	20	20	20	20
クランクピン径(mm)	45	50	50	45	45	45	50	52	50	54	54
コンロッドメタル幅(mm)	17	17	17	17	17	17	17	17	17	17	17

クランクシャフトピン径の10％細軸化でフリクションは約1Nm（4000rpm）減少している。

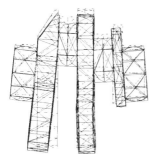

VQクランクシャフト（図下側）との比較。VG、VEエンジンに比べボア径が大きくなったにもかかわらず、ピストン、コンロッドの軽量化によりジャーナル径、ピン径ともに小さくして軽量化、フリクション低減を図っている。また、2、2.5、3リッターのストロークを統一して粗材の共通化を図っている。

日産V型6気筒用クランクシャフト比較

	VG SOHC	VG DOHC	VE	VQ
クランクシャフト材質	鋳鉄	スティール鍛造	←	←
カウンターウェイト数	5	←	←	7
特徴	—	組み立て式	←	ツイスト鍛造

合、加振力もそれに見合うだけ下げないとエンジン振動は増えてしまう。軽いものほど少ない力で振りまわせるのと同じ原理である。この計算は往復加振力のみを計算しており、燃焼圧による影響は考慮していない。高回転域では往復慣性力が支配的になるからである。

ピストンピンはフリクション低減を意図して、コンロッド小端～ピン～ピンボス間が自由に動くフルフロートタイプになっている。

コンロッドは、クランクシャフトピン径をVEエンジンの50mmから45mmに細くしたのにともなって、大端部はよりスリム設計されている。ピストンが軽量になったぶん、I断面も軽量化されており、トータルで32％の大幅な軽量設計となっている。

2リッター、2.5リッター、3リッターすべて共通の設計であるが、3リッターのFR用は大端ピン径50mmに対応して仕様違いが設定されている。この仕様でも20％の軽量化が達成されている。

クランクシャフトは、2リッター、2.5リッター、3リッターすべて共通のストローク73.3mmで統一された。しかし、ボア径がそれぞれ異なり、ピストン重量が違うためカウンターウェイト形状は、それに見合うように異なる仕様になっている。ジャーナル

軸径はすべて共通、ピン径は3
リッターのFR仕様を除いて共通
なので、生産における加工ライ
ンもシンプルになるわけだ。

　クランクシャフトの材質は基
本的にはVEエンジンと同じス
チール鍛造製であるが、製造法
に新しくツイスト鍛造方式が導

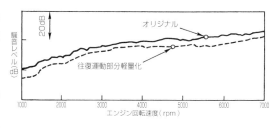

運動部品の軽量化による振動騒音の低減。

入された。これは鍛造型で打った後に素材を90°捻ることで、単純な鍛造では成型で
きないカウンターウェイト形状が実現している。

　VQでは7カウンターウェイトを採用しているが、この製法によりコストの高い組み
立て式クランクシャフトを使わないで済むようになった。

　VQエンジンではジャーナル/ピン径をVEエンジンの63mm/50mmから60mm/45mmと
大幅に縮小されており、剛性は低下しているが、すでに述べたように主運動部品の軽
量化や最高回転速度低下により、その影響がうち消されている。

　ピン径は、フリクション低減を狙って排気量を問わず基本的に45mmに統一された
が、FR搭載用VQ30DEだけは50mmが採用された。これはFR用はセドリック/グロリア
などの高級車に搭載するということと、後に追加するターボ仕様での耐久性が考慮さ
れたためである。

　このような徹底した主運動系の軽量化により、エンジンの慣性モーメント（VQ30DE
のVG30DE対比で）で約8％低減しており、それだけレスポンスが向上されている。

■動弁、動弁駆動系部品

　先行2次試作ではVEエンジンと同じロッカーアーム式システムを踏襲した。ロッ
カーアームにローラーを取り付けたローラーロッカーを油圧ピボットとの組み合わせ
で採用したものである。

　このロッカーアームは、カムローブと接触する部分にローラーを取り付けてフリク
ションを減らすような構造となっている。とくにエンジン低回転では、動弁系のフリ
クションの寄与率が大きいため、燃費向上のためにはローラーロッカー採用の効果が
大きい。

　しかし、テクニカルコストを低く抑えるため、1次試作で全面的に仕様が見直され
たのは、すでに述べたとおりである。そこで、シムタイプの直動式バルブリフターで
燃費とメンテナンスフリーを同時に成り立たせる方法が検討された。アウターシム式
でメンテナンスフリー化する手法は、トヨタがすでに先行してやっていたものの、バ

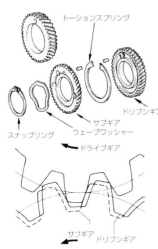

トーションスプリング

ドリブンギア

サブギア
ウェーブワッシャー

スナップリング

ドライブギア

サブギア
ドリブンギア

VQエンジンの先行2次試作では排気
カム駆動にシザーズギアを使ったが、
正規1次試作からチェーン駆動に変更
された。なお、ルノーが設計した3
リッターディーゼルエンジンではこの
シザーズギアが採用されている。

ルブシートの摩耗とシムの摩耗を同期させる材料を選定するのはなかなか簡単ではなかった。

もちろん、この材料選定の検討は以前からされており、目処がついたので踏み切れたものである。この方式は組立ラインでシムを自動選別するシステムをつくり上げねばならず、工場技術部の協力を得て初めて実現できた。

この直動アウターシム式システムは、その後RB25DEやKA-DOHCエンジンにも拡大されていった。

次は、どのように直動式でフリクションを減らすかが課題であった。

そこで導入されたのが、前にも触れたカムローブ面を鏡面仕上げにするスーパーフィニッシュ、アルミ製バルブリフターの採用（3リッターのみ）、さらに最高回転速度低下にともなうバルブスプリング定数を下げることなどである。

これにより、ロッカーアーム方式の先行2次仕様と遜色ないレベルまでフリクションを減らすことができた。実測したフリクション値が机上計算値より大幅に低く、原因を調べたくらいだった。

カムシャフトの軸径やジャーナル軸受径はぎりぎりまで細くされた。いちばん細いジャーナルは$\phi 23.5$で、VE30の$\phi 26$に対して10％ダウンという数値になっている。しかも中空にしているから、断面係数では2/3以下で、手で持ってみると不安になるくらい細かったが、実際には折損するなどのトラブルが発生することもなかった。

先行2次試作時点でクランクシャフトからの動力をチェーンにより両バンクの吸気カムシャフトを駆動するレイアウトに決められていた。ウォーターポンプもチェーンで一緒に駆動されているが、ウォーターポンプのスプロケットがチェーンに噛み合う歯数が少なく設計的に心配されたが、先行2次での実験結果で問題ないことがわかり、そのままのレイアウトで進められた。

もう一つの懸案はウォーターポンプのメカニカルシールが壊れたときに、冷却水がチェーン室を通してオイルに混ざってしまうことであった。この点は、万一メカニカルシールが壊れても、オイル内に水が入らない構造を考案することで解決された。

排気カムの駆動は、当初から吸気カムで行うように考えられており、先行2次ではシザーズギアで駆動していた。

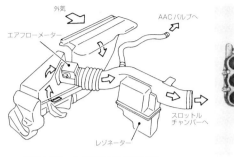

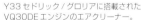

Y33セドリック/グロリアに搭載された
VQ30DEエンジンのエアクリーナー。

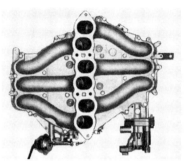

同じくVQ30DEエンジンのインテークマニホールド。

しかし、重量やコストを比較するとチェーン駆動の方がメリットが大きいことがわかり、1次試作から設計変更された。シザーズギアでは排気カムが吸気カムと逆回転でまわることになるが、チェーンへの変更により回転方向は吸排気が同方向になった。

■吸気系部品

国内向けセフィーロA32搭載用3リッター、2.5リッターには長短ブランチ切り替えの可変吸気システムを採用し、低速トルクと高速でのトルクの伸びの両立を図る仕様にしている。国内ではやはり最高出力の数字が重要視される傾向だからである。

2リッター仕様は廉価版という位置付けで、可変システムの採用は見送られた。北米向け

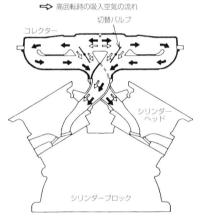

ＶＱ可変吸気システム。Ｙ３３搭載VQ30DEエンジンに採用された。低回転では長い通路を、高回転では短い通路を通して最適なトルクカーブを実現している。

は最高出力値は重要視されないので、可変吸気システムは採用せず、低速でのガス流動促進を狙ったスワールコントロールバルブが採用された。

■排気系・潤滑系部品

先行2次試作までは軽量化のためVHエンジンで開発した板金製の排気マニホールド採用を検討していたが、コスト低減の要求が厳しく、最終的に鋳鉄製が選択された。

オイルポンプはクランク軸フロント側で直接駆動するギアポンプ式が採用されている。このタイプはコンパクトに設計できるため、多くのエンジンで採用されており、

CAやVGエンジンもこのタイプである。しかし、クランク軸直結なので、高回転域ではポンプ回転が高くなりすぎて効率的には好ましくない。

アイドル回転を考慮すると、1回転あたりの圧送量をあまり下げることができないため、エンジン回転を上げていくとポンプから圧送されるオイル量が多すぎてしまうので2000rpm以上でリリーフしている。

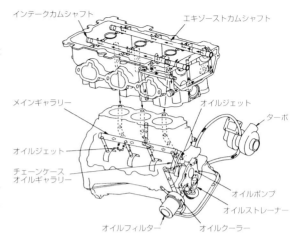

インテークカムシャフト　エキゾーストカムシャフト

メインギャラリー　　　　オイルジェット

ターボ

オイルジェット

チェーンケース
オイルギャラリー

オイルポンプ

オイルストレーナー

オイルフィルター　　　オイルクーラー

VQ30DETの潤滑系統図。オイルパンからオイルポンプにより吸い上げられたオイルはオイルクーラーで冷却されたあと、各部を潤滑してオイルパンに戻される。

6. VQエンジン開発のポイント

前項で述べた1次試作エンジンは順調に開発が進められ、エンジンの機能、耐久性など主要項目は1次試作エンジンでほぼ目処が付きつつあった。したがって、2次試作は性能、機能、耐久性を犠牲にせず、いかにコストを下げていくかという検討が主要な仕事となった。具体的には鋳物のブラケットを板金でつくれないか、余分な肉を盗んで軽量化ができないかなどの検討が進められた。

VQエンジンの開発では、以下の点がキーポイントであった。

①ハイプレッシャーダイキャスト製法を採用するために、シリンダーブロックをオープンデッキで信頼性、耐久性を保証する。この場合、ボア変形やアッパーデッキジョイント面の変形をどのように抑えるかが課題であった。

運転中のボア変形はオイル消費を悪化させることになり、従来の多くのエンジンがこのためにオイル消費に苦しんでいた。また、アッパーデッキジョイント面の変形はヘッドガスケットのシール性(ガス漏れ、水漏れ)不良を引き起こすので、ともに避ける必要があった。

②基本技術でどこまで出力、フリクションなどの素質性能を上げられるか。

車両としての原価枠が厳しく抑えられていたこともあり、エンジンとして当初採用を予定したVTC(可変バルブタイミングコントロール：出力向上)やローラーロッカー

146

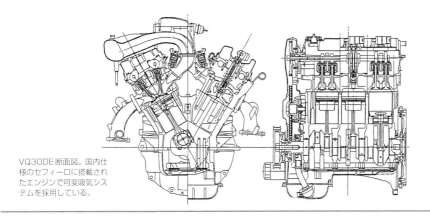

VQ30DE断面図。国内仕様のセフィーロに搭載されたエンジンで可変吸気システムを採用している。

（フリクション向上）、油圧ラッシュアジャスター（メンテナンスフリー）といった目玉になる技術を採用することができず、いかに既存技術の組み合わせで当初狙った性能を出せるかというのが、VQ開発の新しい課題であった。

③材料に頼らない基本技術での軽量化を達成すること。

　シリンダーブロックをアルミ化した以外は、なるべくコストがかかる材料を使わずに軽量化する方法が試みられた。具体的には、強度を必要としない部分の徹底した肉盗み、機能統合、合体による部品数の削減などである。

　問題のポイントとなった信頼性や性能の確保などについて見ていくことにしよう。

■オープンデッキによるボア変形問題の解決

　先行2次試作でボア変形の基礎データを取りながら、あるいは熱応力解析をして、運転時にボアの変形をいかに少なくするかという観点で仕様の選定を行った。ボアとヘッドボルトボスのあいだのリブの付け方などを変えながら試行錯誤をして仕様を決めた。

　実際には、先行2次試作時点で徹底的にその部分をテストしたので、1次試作ではその確認をする程度で済ませることができたという。

　ヘッドガスケットは、かつてはアスベスト材（現在ではもちろん法律で使用が禁止されている）やグラファイト材を使っていたが、より信頼性を高めるためにメタルガスケットが採用された。アスベスト材などでは経時変化でへたって、シリンダーヘッドの締付軸力が落ちて水漏れやガス漏れといった問題が発生していた。アスベスト材が使用禁止され、グラファイト材を使うようになって軸力低下は減ってきたが、コストが高いという問題があった。そこで、薄いステンレス板を3層にしたメタル構造を採用し、応力緩和の少ない構造にした。さらに、従来から実施していた角度式2度締

147

VQ30 エンジンのシリンダーブロック。

めを実施し、シール性に万全を期している。

　角度締めというのは、ボルトの締め付けトルクではなく、何度ボルトをまわすかで締め付け軸力を規定方法で、座面の摩擦係数に影響されないので軸力を安定させることができる。2度締めとは、1度締め付けた後ボルトを緩めて再び締め付ける方法で、ガスケットを馴染ませることで締め付け後の応力緩和を小さくすることができる。

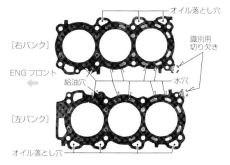

VQ30 エンジンのヘッドガスケット。3層構造のメタルガスケットを採用している。

■国内トップクラスの出力性能へ

　どんなに静かで燃費が良く、排気がきれいであっても、出力の出ないエンジンは動力源としての価値がない。出力はエンジンにとって生命線である。

　VQエンジンも、性能については開発の工数を投入して向上が図られている。国内向けではトップクラスの出力を持たせ、北米向けでは高速道路でのランプから本線への進入加速など実用性を最優先に開発された。

　それでいて、素質性能を徹底的に追求しているのが、このエンジンの大きな特徴になっている。通気抵抗を可能な限り下げ、急速燃焼を実現するためのガス流動を追求して、エアロダイナミックポートを採用している。北米仕様では、混合気がシリンダー内でさらなる燃焼室内のガス流動を与えて、燃焼を促進させるためにスワールコントロールバルブを採用している。

　FF搭載用の吸気系の構成は、リアバンクに吸気コレクターを置いて、そこから吸

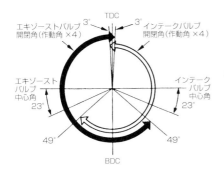

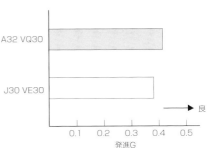

VQ30DEエンジンのバルブタイミング・ダイヤフラム。

気ブランチをほぼ等長に各気筒まで導いている。2.5リッターと3リッター用はブランチの途中で各気筒を連通させる中間コレクターを設け、そこをパワーバルブで開閉することで、実質的に吸気ブランチ長さを切り替えている。

つまり、低速ではパワーバルブを閉じて長ブランチとし、高速ではバルブを開いて短ブランチ相当としているわけだ。

可変吸気バルブタイミングを使わないぶ

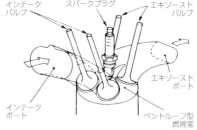

VQエンジンの吸排気レイアウト。吸気ポートはエアロダイナミックポートを採用し、急速燃焼を実現した。

ん、可変吸気システムで吸入空気量をいかに増やすかをとことん追求している。

FR搭載用では吸気コレクターをバンク間に配置し、コレクター内にパワーバルブを組み込んで、吸気ブランチ長さを切り替える可変吸気システムを採用している。

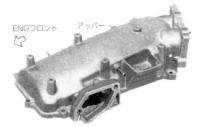

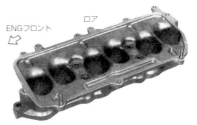

Y33搭載のVQ30DETエンジンの吸気コレクター。VQ30DEでは可変吸気システムを採用したが、ターボ仕様では過給圧制御により目標性能を達成している。

149

■フリクションロスの低減

　出力性能のように大きく性能変化する項目ではないので、フリクション低減は地味な技術であるが、技術の本質を必要とされるもので、おろそかにできない技術追求である。

　フリクション低減は燃費にいちばん効果があるが、出力性能や排気性能、耐熱性能など幅広い性能に関係してくる。基本的には他性能への跳ね返りはないが、あまりフリクションが減り過ぎるとアイドルが不安

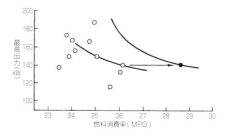

省燃費と高出力の両立。一般的にはエンジンを高出力化するとフリクションが増えたり低速トルクが減少して燃費は悪くなるが、VQエンジンでは主運動部品の徹底した軽量化や冷却システムの改善、燃焼改善等により約10％の燃費改善（北米LA-4コンバインド燃費）が達成されている。

定になるなどの問題もなくはない。付け焼刃ではできない基本技術である。

　ピストンを始めとする主運動部品の軽量化により、クランクジャーナルやピン径の細軸化、動弁系部品の軽量化や最高回転速度を落とすことによるバルブスプリング定数低下などを積極的に進めた。この結果、VG-DOHCエンジンに対して約20％（13Nm）のフリクション低減を実現させている。

　さらに、フリクション抵抗を落とす方策としては、2本ピストンリングの採用（2.5リッターのみ）、カムローブのスーパーフィニッシュやピストンスカートのモリブデンコート（3リッターのみ）、低フリクションオイルの採用などが挙げられる。

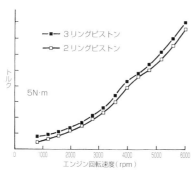

2本リングによる効果。エンジン回転速度全域で2Nm程度のフリクション低減を実現している。

左は通常の3本リングピストン。右は2.5リッターのみに設定された2本リングピストン。

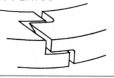

2本リング合い口。VQ25DEエンジンではピストンリングを2本として大幅にフリクションを低減している。トップリングの合い口を図のような特殊形状にすることで2本リングのシール性の問題を解決している。

　高回転域では、主運動部品によるオイル叩きもフリクションを増やし、さらには油温を上げ、オイルを劣化させるもとになる。そのため、シリンダーヘッドへ上げるオイル量をぎりぎりまで少なくしたうえに、ヘッドからオイルパンに戻すオイルを従来のようにブロックのロアデッキから落とすのではなく、スカートまで通路を設けて油面位置まで導いている。こうすることで、クランクシャフトのカウンターウェイトで落下してくるオイルを叩かないようにしている。

■軽量化とコスト低減

　エンジンの軽量コンパクトの要求は時代とともに強くなり、開発でもっともこだわった目標の一つが軽量化である。VEエンジンに対して40kgの軽量化がめざされ、先行試作時点から戦略的に軽量化設計を進めた。

　本体系ではまずハーフスカート・ハイプレッシャーダイキャスト製アルミブロックの採用にあわせて、アルミダイキャスト製のロアブロックが採用されている。

　ボアまわりのウォータージャケットを浅くして冷却水量を減らしたのがVQエンジンの特徴となっているが、これは軽量化だけでなく、冷機時の暖機を促進し、燃費向上にも寄与している。

　ロアブロックにオイルフィルターを取り付けてオイル通路をロアブロックに内蔵させ、またロアブロックはオイルパン形状も兼ねている。

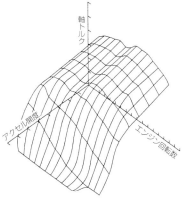

VQエンジンのトルク特性。エンジン回転とトルクの発生をアクセルペダルのストロークとの関係で見た図。

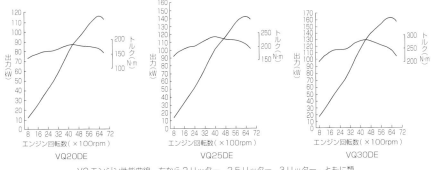

VQエンジン性能曲線。左から2リッター、2.5リッター、3リッター。ともに類似したフラットなトルクカーブで、リッターあたりの出力は54～57kW程度。

VQエンジンに採用した材料、工法、技術

主要部品名	材料仕様	狙い
シリンダーブロック	アルミダイキャスト＋時効処理	大物H.P.D.C化
シリンダーライナー	普通鋳鉄＋遠心鋳造	薄肉化
シリンダーヘッド	アルミ鋳物＋改良熱処理	アッパーデッキ強度
クランクシャフト	バナジウム系添加非調質鋼＋ツイスト鍛造＋マイクロフィニッシュ	一体化によるバランス向上
コンロッド	低炭素マルテンサイト鋼＋ショットピーニング	疲労、座屈強度向上
ピストン	アルミ鋳物＋熱処理　アルマイト(31,2.51) Moコート(31)	軽量化　耐摩耗性
ピストントップリング	超洗浄Si-Cr鋼＋硬質Crメッキ	薄幅化(31,21) 2本リング化(2.51)
カムブラケット	アルミダイキャスト	耐熱強度
吸気バルブ	低Cr耐熱鋼	耐摩耗性
排気バルブ	低Ni耐熱鋼	耐熱強度　耐摩耗性
吸気バルブシート	低Mo合金鉄焼結	有無鉛共用　耐摩耗性
排気バルブシート	Co合金鉄焼結	有無鉛共用　耐摩耗性
バルブガイド	合金鉄焼結	耐摩耗性　快削性
バルブリフター	高Siアルミ合金＋Ni複合分散メッキ	軽量化　耐摩耗性
カムスプロケット	低Ni合金鉄焼結	耐摩耗性
排気マニホールド	球状黒鉛鋳鉄	耐熱強度
吸気マニホールド	アルミ鋳物	軽量化
エンジンオイル	5W-30(北米) 7.5W-30(国内)	フリクション低減
LLC	ノンアミンタイプ	環境対応　耐熱性
ブローバイホース	FRR	クランプレス化
Fr＆Rrオイルシール	FKM	耐熱シール性

　さらに、トランスミッションとの繋ぎ部分をリブ補強して、従来のエンジンのように後からガセットを追加して結合剛性を上げるような手段を必要としていない。

　このように、機能を兼ね備えるものにするという発想は、軽量化とコスト低減のためのブレークスルーでもあった。

　主運動系の部品は一つ一つがもともと軽くなっているので、本体系ほど軽量効果は大きくないが、フリクションには効果が大きいので、積極的に軽量化を進め、トータルで5kg軽量化されている。

　動弁系ではカムシャフトの細軸化やシリンダーヘッドの小型化、シングルチェーンによる新動弁駆動システムなどで9kgの軽量化を果たした。その他の軽量化を足し合わせると、合計でVEエンジンに対して49kgの軽量化が実現されている。

　VQエンジンの開発がうまくいった理由は、問題が起こってから対策を考えるのではなく、問題が発生する前に予測して手を打つフィードフォワード型開発であったことが挙げられるであろう。

　問題が小さいうちは簡単に手を打てるが、それを放置しておくとやがては大問題となって立ちはだかる。仕事の優先順位をはっきりさせて、問題が小さいうちに芽を摘むという当たり前の仕事のやり方は、簡単なようであっても実は簡単でないというのもまた事実ではあるのだが、効率良く開発するにはこのやり方しかない。

7. VQエンジンの新しい生産工場の建設

　VQエンジンの先代であるVGエンジンは、主要部品の鋳鍛造や加工からエンジンの組み立てまで横浜工場で行っていた。したがって、VGエンジンの後継であるVQエンジンも横浜工場で生産されるはずであった。

　しかし、VQエンジンを開発していた1980年代後半はバブル真っ盛りで、好景気に沸き、工場は毎月のように増産計画に追われていて、VGエンジンの生産を止めてVQにラインを変更する余裕はなかったようだ。また、好景気のなかで工場で働く人たちを確保するのは横浜工場を擁する首都圏では困難ではないかという懸念もあった。

　このような状況から、新しく東北の小名浜にいわきエンジン工場として建設することが検討された。まったくの更地から工場の建て屋を立てて、新しい鋳鍛造、機械加工、組み立てラインをつくるものであった。建て屋から設備までは1000億円を大きく超える莫大な投資計画となった。バブル景気がいつまでも続くものでないとわかっていたら、あるいは新工場を建てる計画は中止されていたかもしれない。

　VQエンジンがまったくの新工場である「いわき工場」で生産することが決定されたのは、1次試作を行った1990年後半のことであった。

　この決定の後に、いわき工場建設のための準備室が現地に設置された。実質的に工場がエンジンをつくり始めるのは生産試作からであり、工場の生産準備、工場の設備導入は生産立ち上がりの1年半前から始められたという。そして設備発注までの検討期間と設備メーカーが受注から納入までのリードタイムを考えると生産立ち上がり3年半前からの準備となった。

　エンジン開発と工場建設がオーバーラップして進んでいたので、いわき工場準備室とエンジン開発チームとで密なコミュニケーションが取られたのはいうまでもない。試作エンジンや部品は生産性や品質の観点から見るという検討の結果もフィードバックされた。

　この新工場の着手はバブル景気に翳りが見え始めた1991年に入ってからであったが、計画の見直しの検討がされることなく、経営会議で新工場の建設にGOサインが

VQエンジン生産のために新しく立てられたいわき工場。
第一期工事終了後で、この後拡張工事が行われている。

出された。とはいえ、投資が莫大であることから、旧遊の機械設備を活用するなどの見直しが行われた。また、バブル当時は設備メーカーは機械設備の値段や納期に関して強気であったが、設備を発注する1991年になるとだいぶん風向きが変わって、次第に買い手市場になりつつあった。このような経緯もあって、当初よりもVQエンジンの生産設備投資は低く抑えることができた。

VGエンジンの後継エンジンであるから、VQの生産台数が増えればVGエンジンの生産台数が減少するのは自明のことだ。直列6気筒のRBエンジンも横浜で生産されていたが、次第にVQにシフトしていき、RBの

いわき工場新ライン。日産自動車は2006年夏にV35スカイラインに搭載するVQ-HR型エンジン生産のためにいわき工場内にVQの第二エンジン工場を新設した。この第二エンジン工場は新型エンジン用加工ラインで従来のエンジン用部品の加工もできるようになっている。エンジンの組み立てはすでにある第一エンジン工場で行っている。

生産台数が減ってからは日産工機に生産が移管された。また、GT-R用のVRエンジンは横浜工場2地区のMRエンジンラインの脇に既存のスペース内を仕切る形で設けられている。ここは生産ラインというより試作エリアに近い感じで、匠と呼ばれる12人の選ばれた専門のスタッフが一貫して1基のエンジンを簡易ライン上を進みながら組み立てていくようになっている。

いわき工場では、VQエンジン組み立てラインとシリンダーブロックの鋳造・加工ライン、シリンダーヘッドの加工ラインそしてクランクシャフトの加工ラインがつくられた。鋳造ラインは最新のアルミプレッシャーダイキャストマシーンが導入されている。その隣りにエンジン組み立て及びシリンダーブロック、ヘッド、クランクシャフトの加工マシーンが配置されている。

シリンダーヘッドやクランクシャフトの粗材は横浜工場から、コンロッドやカムシャフトは加工完成品が日産工機から運ばれてくる。もちろん、その他多くの購入部品は日産自動車の仕立てた運搬トラックが各部品メーカーをまわって、いわき工場に搬入される。

当初、人手不足になることも考慮して、従来は自動化が困難であった工程にロボットを積極的に導入したり、資材受け入れから生産、出荷までコンピューターにより統合管理するCIM（Computer Integrated Manufacturing）を導入することで、当時のトップレベルとなる組み立て70％の自動化を実現している。

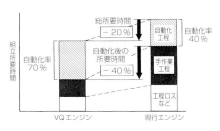

VQエンジンの生産性。VQエンジンでは組み立て作業の自動化70％を実現し、また工程間のロス時間、待ち時間を低減することで組立てに要する時間を20％短縮している。

また、組み立てラインにおける液体ガスケットの塗布から組み立て、検査まで完全自動化しており、全数品質保証が確立されている。

いわき工場をつくった当初は、エンジン工場敷地の隣りにFF用5速ATのラインを設置する計画があったが、開発が延期されて、更地のまま残された土地にはVQの第二ラインが敷かれて生産能力が倍増されることになった。

2006年に新型スカイラインV36に搭載する新型のVQHRエンジンを生産するため稼働開始している。この第二ラインの総投資額は第一ラインに対して投資額が小さくなっている。

第一エンジン工場はシリンダーブロックの機械加工ラインがトランスファーマシンを使ったラインであったが、第二エンジン工場は高価なトランスファーマシンを使わない、フレキシブル生産ラインでボアピッチやバンク角変更にも対応できるようになっている。フレキシブルラインを導入することで、将来的に他機種のエンジン生産にも対応でき、もちろん従来のVQエンジンの加工もできることにより増産対応できるわけだ。このフレキシブルラインは、日産が進めているグローバルスタンダードラインと呼ばれるもので、各工場が他機種のエンジンを需要や商品計画に柔軟に対応することを目的としている。横浜工場に導入して以降、北米テネシー州のデカード工場やメキシコのアグアカリエンテス工場にも導入されている。

■VQエンジンの発表

1994年に新型セフィーロに搭載してVQエンジンは世の中に出て、評判は上々であった。新型エンジンでありながら、問題らしい問題はほとんどなかった。しかし、必ずしも販売は好調というわけには行かなかった。

価格設定は3リッターエンジン搭載車は300万円を超え、2.5リッターエンジン車も250万円が中心、2リッター車はお買い得価格で200万円そこそこであった。2.5リッター車を中心にして、2リッターは40％以下、3リッターは10％程度の販売を見込んでいた

155

が、現実には2リッター車が50%を占めて、3リッター車は10%以下の比率であった。エンジン排気量によって装備品を大幅に差別して価格設定をしたため、売れ筋が安い2リッター車に集中したのである。2リッターエンジンでも充分にパワフルで、運転していて何のストレスも感じないので、お買い得な2リッター仕様をユーザーが選ぶことになったようだ。

　実際に3リッター車はすばらしい加速で、慣れないとアクセルを全開にするのが怖いほど強烈であり、普通のユーザーには持て余してしまうほどのパワーだった。それにしてもこの後、A33セフィーロの国内仕様から3リッターの設定がなくなってしまったのは残念であった。

　セフィーロ発表の1年後にVQエンジンを搭載した新型セドリック/グロリアが発表された。FR仕様の3リッターNAとターボエンジンで、廉価版にはVG30Eが、そ

VQ30DEエンジンを縦置きに搭載したセドリックV30。

VQ25DEエンジンを横置きに搭載したセフィーロV25。

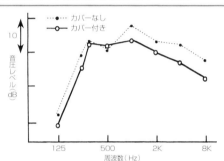

VQ近接遮蔽板効果。車室内・外の加速時騒音に影響が大きい因子としてエンジン上方からの空気伝播による騒音がある。この影響を低減するためにエンジン上面を覆う近接遮蔽カバーを設定し、見栄えも向上している。近接遮蔽カバーは樹脂製で裏面には吸音材が取り付けられている。このカバーによる低減効果は約5dBである。

セフィーロに搭載されたVQ20DEエンジン。VQエンジンはA32セフィーロ車載条件で全幅－100mm、全高－30mm（対VE30）を実現している。

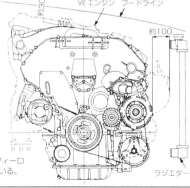

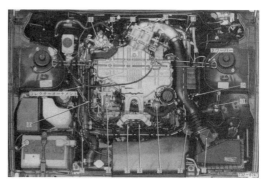

してディーゼルのRD28エンジン
が引き続き搭載された。

　エンジンがパワーアップされ
て、重量も大幅に軽量化したこと
で車両の重量配分も改善して、走
りは一段と洗練された。心残り
だったのは当初のY33車両計画で
検討されていた「タイヤ前出し」
（フロントタイヤの車軸を前に出
してホイールベースを伸ばし、フ
ロントオーバーハングを短くす

セドリック／グロリアに縦置きに搭載されたVQ30DEエンジン。

る。BMWやベンツがすでに実施しており、乗り心地が良くなり、横から見たスタイ
ルも良くなる）が採用されなかったことだ。この「タイヤ前出し」は2代後のフーガに
なってやっと実現した。

　北米ではマキシマの名称を継承して、やはり1994年に市場投入された。北米は3リッ
ターモデルのみで、VQエンジン搭載により一段と洗練され、パワフルな走りになって
好評だった。

　Z32フェアレディZの後継車の企画がなかなか煮詰まらなかったことや、スカイライ
ンがRBエンジンを使い続けていたことで、VQエンジンはしばらくのあいだはスポー
ツカーに搭載されるチャンスがなかった。しかし、21世紀に入り、新型フェアレディ
Z（Z33）と新型スカイライン（V35）に搭載されて、VQエンジン本来の活躍の場が与えら
れた。GT選手権レースではV35がVQエンジンを搭載して発表されるのと前後して、
R34ボディにVQエンジンが搭載されてレースでも活躍した。

第6章 VQエンジンの改良と追加エンジン

　VGエンジンの後継機種として2〜3リッターの排気量帯をカバーする小型上級車種用エンジンの役割を与えられたVQエンジンは、期待されたとおりに日産の主力エンジンとなった。開発当初にVQに課せられた課題である「新工場でつくる故の高い固定費を負担し、前型のエンジンの未回収投資分を背負うこと」で上がってしまうエンジン原価を、テクニカルコストを下げることで吸収した。性能や機能で妥協するのではなく、基本性能を徹底的に磨くことで当初採用を予定していた性能向上システムを使わずに済ませている。エンジンとしての素質をとことん追求したからで、他メーカーもVQエンジンに追いつき追い越すエンジンをつくろうとしてきたのは当然であった。

　これに対抗するために、日産でもVQエンジンのさらなる進化が図られた。

　開発当初に採用されなかった技術や最新の技術を採り入れることでVQエンジンはさらに磨きがかけられたのである。また、排気量帯を当初の2〜3リッターから2.5〜4リッターに拡大し、車両から要求される性能向上に応えている。

　ここでは、低速域と高速域の性能向上の両立が図れる可変動弁システム、性能と燃費のトレードオフの克服をめざして開発された筒内噴射エンジン、さらには排気量の拡大が図られたエンジンについて見ていくことにする。なかには、次章で述べるVQHRエンジンに採用されたシステムもあるが、ここでまとめて触れることにしたい。

1. 可変動弁システムの進化

　日産初の可変バルブタイミングシステムは、1986年にVG30DEエンジンに採用され

日産可変動弁システム

システム	吸気/排気	制御	採用機種	採用年	システム説明
NVCS	吸気	油圧	VG30DE	1986	吸気カムの位相をクランク角20°の範囲で切り替える
CVTC	吸気	油圧	VQ25DD	1998	吸気カムの位相を連続的にクランク角35degの範囲で任意の位置に制御
eVTC	吸気	電磁	VQ30DD	2001	吸気カムの位相を連続的にクランク角35degの範囲で任意の位置に制御
CVTC+eVTC	吸気+排気	油圧(吸気)電磁(排気)	VQ35DE	2005	吸気及び排気カムを連続的にクランク角35degの範囲で任意の位置に制御
VVEL	吸気	電磁	VQ37HR	2007	吸気カムの位相を連続的にクランク角65degの範囲で任意の位置に制御また、吸気カムのリフト量(1.3〜12.3mm)及び作動角を連続的に制御

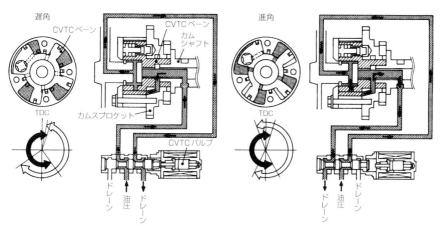

VQ35のCVTC。従来のVTC（NVCS）では吸気バルブタイミングを早めるか遅くするの2段切り替えであったが、CVTCではCVTCソレノイドバルブで中間位置での保持を可能にしている。

た吸気VTC（variable Valve Timing Control）システムである。日産ではこのシステムをNVCS（Nissan Valve timing Control System）と名付けているのは前述のとおりである。吸気バルブはピストンの吸気下死点で閉じているわけではなく、下死点をクランク角で20〜30度行き過ぎたところで閉じている。空気が持つ慣性力により下死点を過ぎてピストンが上昇し始めても、しばらくは空気が流れ込んでくるからである。

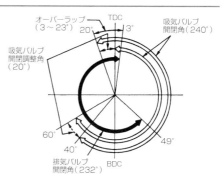

それまでの可変バルブタイミングは吸気カムシャフトの位相を変換する2段切り替えであったが、CVTCでは連続的に変換するようにしてよりきめの細かい制御を可能としている。

　しかし、その勢いはエンジン回転速度により変化する。エンジン回転速度が高ければ慣性力がより大きく、吸気バルブを閉じるタイミングを遅らせることで多くの空気を吸い込むことができる。逆にエンジン回転速度が低ければ慣性力が小さいので、よ

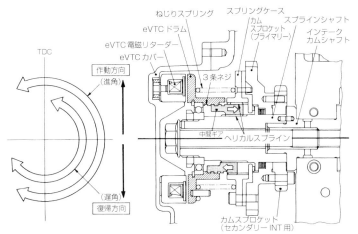

ねじりスプリング　スプリングケース
eVTC ドラム　　　　　カム
eVTC電磁リターダー　　スプロケット　　スプラインシャフト
eVTC カバー　　　　　（プライマリー）　インテーク
TDC　　　　　　　　　　　　　　　　　　カムシャフト

作動方向
（進角）

３条ネジ

中間ギア　ヘリカルスプライン

（遅角）
復帰方向

カムスプロケット
（セカンダリー INT 用）

eVTCは電磁リターダによって発生する磁力を用いて変換角を制御している。印加する電圧の大きさによりカム変換角を連続的に制御可能で、エンジンの回転速度と負荷に応じて最適な位相になるよう制御している。

VTC によるレスポンスの向上。従来の油圧式から電磁式に変更することで、エンジン油圧の制約（油温エンジン回転速度など）を受けなくなり特に低速での応答性が向上している。応答が速いため過渡時により速く最適なバルブタイミングとなり、発生トルクが向上した（条件：30°変換、油温120°、エンジン回転速度1500rpm）。

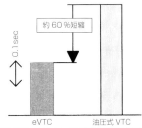

約60％短縮

0.1sec

eVTC　　　油圧式 VTC

　り早く吸気バルブを閉じないと、せっかく入った空気がシリンダーから逆流してしまう。つまり、低速でトルクを上げる吸気バルブタイミングと高速で出力を上げるタイミングは異なり、その両立を図るために考え出されたのが吸気VTCシステムなのだ。

　このように、吸気バルブの開閉タイミングを2段階に変えることで、低速トルクを犠牲にすることなく最高出力を上げることが可能になる。なお、VTCのバルブタイミングの切り替えは4800rpmでクランク角で20度相当の位相変更を行っている。このタイミングの切り替えは、油圧により吸気カムとタイミングプーリの位相をずらせることで実現されている。

　VQエンジンは、当初上記のVTCシステムを使わずに、可変吸気システムのみを使って、エンジンの素質性能を当時の技術で限界まで追求したが、これをベースに、1998年にVQ25DDエンジンに初めて採用した可変動弁システムがCVTC（Continuously variable Valve Timing Control system）である。この特徴は、吸気カムシャフトの位相を任意の位置に固定できることにある。VGエンジンで採用されたNVCSでは吸気バルブ開閉のタイミングを2段階に切り替えるだけだったが、CVTCはエンジン負荷と回転速度に応じ

て、さらに最適なバルブタイミングに制御することが可能になった。なお、変換角は
クランク角で40度相当であり、従来よりも広くなっている。位相制御は従来と同様
に、エンジン油圧により行われている。

　さらに、CVTCを進化させたeVTC（electronic Valve Timing Control）が2001年にVQ25DD
及びVQ30DDに初めて採用された。従来の油圧による制御に代わって磁力を用いた新
機構により、吸気カムの位相を制御している。運転条件に応じて吸気バルブ開閉時期
を連続的に制御して出力・トルクの向上及び燃費・排気性能の両立が図られている。

　従来の油圧による作動システムでは、運転条件（エンジン回転速度、油水温）で応答
速度が変化したが、このeVTCでは運転条件によらず応答速度を速めることができるよ
うになった。

■吸気CVTC＋排気eVTC

　2005年にVQ35DEエンジンに初めて採用したシステムで、吸気カムシャフトは油圧
により、排気カムシャフトは電磁力により位相を連続的に制御されている。従来のよ
うに吸気カムシャフトの位相だけでなく排気カムシャフトの位相も変化させること
で、幅広いエンジンの運転条件で出力・トルクの向上及び燃費・排気性能の両立を実
現させている。

　エンジンのトルクを有効に引き出すためには、エンジン回転速度に応じて吸気バル
ブの閉じるタイミングを遅らせていく必要がある。いっぽうで、吸気の作動角は一定
なので、吸気バルブの閉じるタイミングに応じて開くタイミングも変化する。低速で

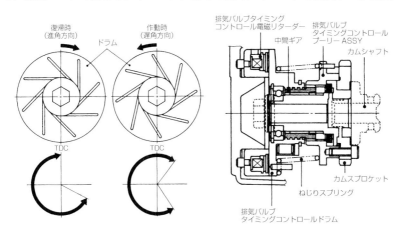

吸気CVTC＋排気eVTCの排気部分。排気カムシャフトは電磁力により位相を連続的に制御されている。

吸気の閉じるタイミングが早いと開くタイミングも早くなり、バルブオーバーラップが大きくなるので、HCの排出が多くなってしまう。これを避けるために、排気のバルブタイミングも早めることが有効である。また、エンジン回転速度が高いときには吸気バルブの閉じるタイミングを遅くするので、今度はバルブオーバーラップが小さくなり、排気の慣性による吸気の吸い込みが不充分になる。これを避けるために、排気バルブの開閉タイミングも遅らせると、さらなるトルクアップが可能になる。

　要するに、高速でも低速でも、従来以上に最適なバルブ開閉タイミングを与えることができるようになる。

■VVEL(Variable Valve Event & Lift)システム

　運転状態に応じて吸気バルブの作動角とリフト量を連続的に制御するシステムで、可変バルブタイミングシステムと組み合わせて使われているのがVVELである。これは2007年にVQ37HRエンジンに初めて採用されたものである。

　従来、ガソリンエンジンの出力制御はスロットルバルブにより行われていた。VVELシステムはこの出力制御を吸気バルブのリフト量で制御しようとするシステムで、基本的な考え方はBMWがすでに採用しているバルブトロニックシステムと同じ

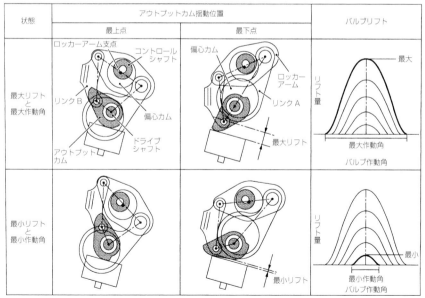

VVELは偏芯カムを持つドライブシャフトの回転運動をロッカーアームと2種類のリンクによりアウトプットカムに伝え、吸気バルブを押し下げる。DCモーターにてコントロールシャフトを回転させ、リンクの支点を変えることでアウトプットカムの動きを変化させる。この結果、バルブリフト量を連続的に変化させることが可能となる。

ものといっていい。

　スロットルバルブの開度で出力の制限を行うのは、吸入空気量を制限するために、エンジンが空気を吸おうとする通路にじゃま板を立てることになり、絞り損失（ポンピングロス）が発生する。つまり、エンジンで発生する出力の一部がこのスロットルにより失われるのである。当然のことながら低負荷ほどこの絞り損失が大きいので、実用燃費に与える影響が大きい。出力制御を吸気バルブのリフト量により行えば、この絞り損失を限りなくゼロに近づけることが可能になる。

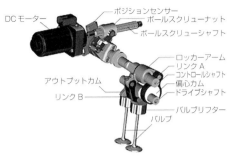

カムシャフトに相当するドライブシャフトが回転すると偏心カムが揺動してロッカーアームを揺動させる。このロッカーアームの揺動量はコントロールシャフトの位置により変化し、リンク B で連結されたアウトプットカムの揺動量も変化する。VVELアクチュエータモーターはボールスクリューナットが組み込まれており、このボールスクリューナットに連結されているコントロールシャフトが回転し、リンクの支点が移動する。

　さらに、このVVELでは吸気バルブタイミングも同時に制御するので、エンジン回転速度に応じた最適なバルブタイミングを与えることができる。このVVELシステムでは吸気バルブの作動角も変化させるので、基本的には排気バルブの作動角や開閉タイミングが固定でも出力制御には大きな影響はない。そのため、排気バルブのタイミングは固定としている。将来的には、よりきめ細かい排気制御をするのであれば、排気の開閉タイミングを可変にする必要が出てくるであろう。

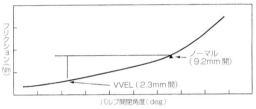

VVEL の採用によるフリクションロス低減効果

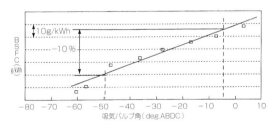

VVEL の採用による燃費性能の向上効果

　このシステムの本質は吸入空気量の制御を従来のスロットルバルブから直接バルブリフトで行うように変えたところにある。スロットルバルブで吸入空気量を制御すると、パーシャル領域でポンプ損失が生じて燃費効率が悪くなる。スロットルバルブによる制御を止めることで、低速から高速までポンピングロスから解放されて、燃費が改善される。注射器で水を吸うときに針を外すと楽に吸えるのは、この損失が減るか

らである。

このポンピングロス低減がVVELの主要な目的であり、高速出力アップは副産物と考えるべきものだ。VVELによりバルブリフトと作動角を自由に変更できるので、高速高負荷時のバルブリフトや作動角を大きく取って、高速出力を増加させることができる。また、VVELだけではバルブタイミングは固定になるので、必ずしも常に運転条件に最適なタイミングを与えることはできない。VTCと合わせて使ってこそ効果が充分に発揮されるといえるだろう。

トヨタも同様のシステムをバルブマチックと

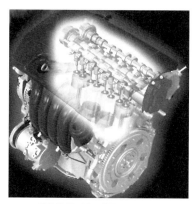

日産VVELと同じ機能のトヨタバルブマチックを採用したエンジン。

称して発表し、3ZR-FAEエンジンに採用している。このVVELシステムはターボエンジンにも使えなくはないが、同じバルブリフトでも過給圧により吸入空気量が変化するため、制御が複雑になってしまうので、ターボシステムへの採用は難しいであろう。同じように、希薄燃焼の筒内噴射システムでは出力制御を燃料噴射量で行うため、VVELが一緒に使われることはないであろう。

このVVELシステムの問題点はバルブリフトが小さい領域でのガス流動が悪い点にある。これはある意味では当然なのであるが、バルブリフトが小さいと吸入する空気による乱流の発生が抑えられてガス流動が悪く、燃焼が遅くなるのである。このため、ポンプ損失が減ったぶんをすべて有効に燃費向上に振り向けることがむずかしくなっている。このパーシャル時の燃焼改善がVVELシステムやバルブトロニックに課せられた課題であろう。

以上から、当面はパーシャルの燃費と高速の出力を稼ぐ自然吸気エンジンのシステムとして採用されていくものだが、コストが高いことから広く普及するまでにはハードルが高そうである。

2. 筒内噴射エンジンの開発

■1990年代後半の開発競争

1996年に三菱自動車工業、トヨタ自動車が相次いで筒内噴射エンジンを発売した。この筒内噴射エンジンは超希薄燃焼を実現し、圧倒的な低燃費を実現できるエンジンであることが、大々的にアピールされた。日産自動車も翌1997年末にはV型6気筒

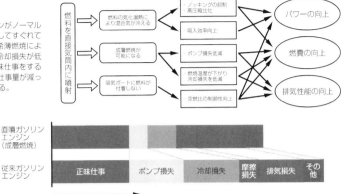

筒内噴射エンジンがノーマルエンジンと比較してすぐれているところ。超希薄燃焼によりポンプ損失、冷却損失が低減され、同じ正味仕事をするときのトータル仕事量が減って燃費が向上する。

VQ30DDエンジンを、その翌年には直列4気筒エンジンのQG18DDエンジンを相次いで開発し発売した。日産のエンジン形式に「DD」がつくのがDOHCガソリン筒内噴射エンジンのことである。これらの筒内噴射エンジンは、次のような特徴を備えていた。
①従来のガソリンエンジンより一段高い圧縮比の採用。
②燃料インジェクターをシリンダーヘッドに取り付けてシリンダー内に直接燃料を噴射する。
③電子制御を用いたフライバイワイヤーによるアクセル制御。
　成層燃焼領域の出力制御は、燃料噴射量で行うためスロットル開度と発生出力はリニアにならない。アイドル回転や40km/h程度の定常走行時の空燃比を40前後と超希薄混合気で運転して、燃費を25〜40%程度向上するとアピールされた。
　超希薄混合比で燃費が良くなるのは、主として以下の三つの理由による。

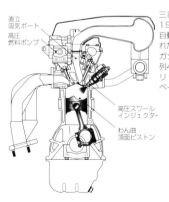

直立吸気ポート
高圧燃料ポンプ
高圧スワールインジェクター
わん曲頂面ピストン

三菱 GDI エンジン。1996 年 8 月に三菱自動車工業より発表された日本初の筒内噴射ガソリンエンジンで直列4気筒4G93型1.8リッターエンジンがベース。

トヨタ D-4 エンジン。1996 年 12 月にコロナに搭載されて発表されたトヨタ初の筒内噴射エンジンで、2リッター直列4気筒ハイメカツインカムの 3S-FE エンジンがベースとなっている。

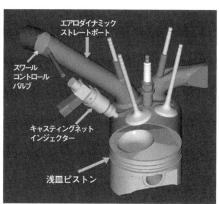

エアロダイナミック
ストレートポート

スワール
コントロール
バルブ

キャスティングネット
インジェクター

浅皿ピストン

三菱GDIピストン。吸気バルブ側の冠面をスプーンですくい取るように湾曲させた形状としている。

トヨタ筒内噴射用ピストン。超希薄燃焼を実現するためにピストン冠面部吸気側に深い凹みが設けられている。

日産筒内噴射エンジン浅底ピストン。成層燃焼のためにピストン冠面に深い凹みを付けることは均質燃焼時の燃焼の妨げになるため、成層燃焼を成立させるぎりぎりまで凹みを浅くした。

大 アクセル開度 小

大 目標エンジントルク 小

濃い 空燃比(混合比) 薄い

成層燃焼 ← → 均質燃焼

大 スロットル開度 小

時間

筒内噴射エンジンのスロットル開度。超希薄燃焼時はスロットル開度は開き勝手で運転される。アクセルをある程度開けていくと希薄燃焼から均質燃焼に切り替わってスロットル開度が小さくなる。このような制御をするためにスロットル開度制御は電子制御で行われる。

①混合気が空気に近くなることで、比熱比が上がり理論熱効率が向上する(ガソリンエンジンでは混合気中の燃料量が少ないほど熱効率は高い)。
②燃料に対して空気の比率が多くなるので、スロットルの開度が理論空燃比時よりも大きくなり、ポンピングロスが低減する。
③燃焼温度が下がるので、燃焼室の壁に伝わる熱量が減少して冷却損失が低減する。

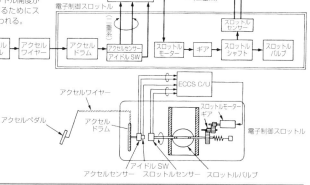

ECCS C/U

(二重系)

電子制御スロットル

スロットルセンサー

アクセルペダル → アクセルワイヤー → アクセルドラム → アクセルセンサー/アイドルSW → スロットルモーター → ギア → スロットルシャフト → スロットルバルブ

(二重系)

電子制御スロットルシステム。アクセルペダルとスロットルバルブを直接ワイヤーでつながずに、アクセルペダルの動きに応じて電子制御でスロットルバルブを開閉させるようにしたシステム。

アクセルワイヤー

アクセルペダル

アクセルドラム

ECCS C/U

スロットルモーター
ギア

電子制御スロットル

アイドルSW
アクセルセンサー
スロットルセンサー
スロットルバルブ

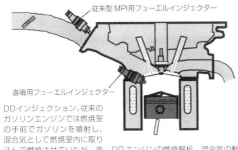

従来型 MPI用フューエルインジェクター

直噴用フューエルインジェクター

DDインジェクション。従来のガソリンエンジンでは燃焼室の手前でガソリンを噴射し、混合気として燃焼室内に取り込んで燃焼させていたが、直噴ガソリンエンジンではインジェクターを燃焼室に取り付けて、ガソリンを直接燃焼室内へ噴射している。

DDエンジンの燃焼解析。混合気の動きをコンピューターでシミュレーションしている。スワール流の中心に上昇する気流が発生し、混合気層が点火プラグに集められていく様子が見える。

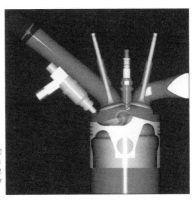

　日産も筒内噴射エンジンを開発してはいたものの、商品化で三菱自動車工業とトヨタに遅れを取った形となった。

　日産の筒内噴射エンジンも、アイドリングや低負荷一定走行時は超希薄空燃比で運転し、ある程度以上の負荷域や高回転領域では理論混合比、あるいはそれより濃い均質混合気で従来のエンジンのように運転するという考え方を採用している。

　超希薄混合比ゾーンではスロットルバルブの開度が大きく、均質混合比ゾーンではスロットルバルブが閉じ勝手になるので、従来のワイヤー式のアクセルペダルとスロットル開度の調整では、うまく制御することができない。そのため、アクセル開度をセンサーで検知してサーボモーターでスロットル開度を調整する電子制御スロットルを採用している。

　超希薄燃焼を実現させるために、ピストン冠面に凹みを設けて、ここに向けて高圧噴射インジェクターから燃料を噴射する。点火プラグの電極はちょうどこのピストン冠面の凹み部分に位置するように配置されており、この凹み部分に形成された比較的濃い混合気をめざして点火することにより、それを火種として周囲の超希薄混合気をゆっくり燃やしていく。燃料は高圧でシリンダー内に直接噴射するため、噴射圧力は約3〜9MPaと従来に比べて10倍以上高圧にしている。この高い噴射圧力が燃料の微粒化に大きく貢献している。ポート噴射の場合の燃料粒径は150μm以上だが、筒内噴射では10〜20μm程度であり、燃焼が促進されやすくなる。

　また、高負荷時や高速運転時は均質燃焼となるので、燃料が吸入空気と均質に混合されて通常のガソリンエンジンと同様の燃焼が行われる。筒内噴射システムでは燃料が直接シリンダーに噴霧されるため、吸気冷却効果がポート噴射の場合よりも高い。そのため、メカニカルオクタン価が高く、圧縮比を高く取ることができる。VQエンジンでは従来に比べて圧縮比が1高くなっている。

3リッター筒内噴射VQエンジンの諸元比較

3リッター	VQ30DD	VQ30DD	VQ30DD	VQ30DE(参考)
圧縮比	11.0	11.0	11.0	10.0
最高出力(kW/rpm)	169/6400	177/6400	191/6400	162/6400
最大トルク(Nm/rpm)	294/4000	309/3600	324/4800	280/4400
使用燃料	ハイオクタン	ハイオクタン	ハイオクタン	ハイオクタン
VTC	なし	CVTC	eVTC	なし
発表(年)	1997	1999	2001	1994
搭載車両	Y33 セドリック/グロリア	Y34 セドリック/グロリア	V35 スカイライン	A32 セフィーロ

2.5リッター筒内噴射VQエンジンの諸元比較

2.5リッター	VQ25DD	VQ25DD	VQ25DE(参考)
圧縮比	11.0	11.0	10.0
最高出力(kW/rpm)	154/6400	158/6400	140/6400
最大トルク(Nm/rpm)	265/4400	270/4400	235/4000
使用燃料	ハイオクタン	ハイオクタン	ハイオクタン
VTC	VTC	eVTC	なし
発表(年)	1998	2001	1994
搭載車両	A33 セフィーロ	V35 スカイライン	A32 セフィーロ

筒内噴射2.5リッターは3リッター並、筒内噴射3リッターは3.5リッター並の出力性能まで到達した。

　しかし、筒内噴射エンジンは、モード運転したときの燃費は確かに良いのだが、実際の走行時はアクセルは常にドライバーによって開閉を繰り返されており、実際の超希薄燃焼が行われる頻度は想定よりも低く、謳い文句ほどの燃費向上を実感できないというユーザーからの意見が多く出された。これはメーカーを問わずにいわれていることなので、筒内噴射による超希薄燃焼システム自体が内在する問題といえるだろう。

■筒内噴射VQ30DDエンジンの開発経過

　実際に筒内噴射VQエンジンの仕様について、その採用の歴史と技術の進化について見ていこう。

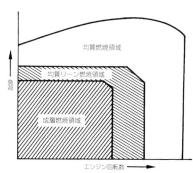

筒内噴射エンジンの燃焼領域。定常走行100km/h以下、アクセル開度1/2以下の領域では混合比40程度の超希薄燃焼(成層燃焼)として燃費を向上、高速高負荷領域では理論混合比以上の均質燃焼をさせている。その間の領域では均質リーンバーン燃焼させてショックを和らげている。

　まず1997年12月にJY33レパードにVQ30DDエンジンが搭載された。このエンジンではVTCは採用せず、圧縮比は従来の吸気ポート噴射に比べて1高い11に上げて理論熱効率の向上が図られている。翌年には4気筒の筒内噴射エンジンQG18DDをプリメーラに搭載して発売している。日産の筒内噴射エンジンは直列4気筒のQG18DDとV型6気筒のVQの2機種で対応している。

　この後、1998年12月にはモデルチェンジされたA33セフィーロにVQ25DDが搭載されている。このエンジンにはVTCが採用され、圧縮比は同様に11に上げられている。燃費とともに出

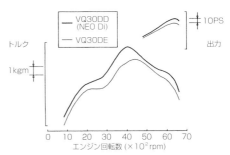

VQ30DD出力性能曲線。筒内噴射による吸気冷却と圧縮比アップの効果で全域のトルクが向上している。圧縮比アップ（10→11）、吸気冷却の効果などによりVQ30DEに対して出力10ps、トルクで1.5kgmの向上を実現している。

力性能も同じ排気量のVQ25Eより出力で14kW、トルクで30Nm向上している。

　このとき、同時にVQ20DEリーンバーンエンジンもA33セフィーロに搭載されている。筒内噴射エンジンはその構造上、高圧インジェクターや高圧燃料ポンプなどによりコストがかさむため、廉価版である2リッターについては燃費向上のためにリーンバーン仕様で対応したのである。

　その後、1999年には運転状態に応じて吸気バルブタイミングを変えられるCVTCシステムのVQ25DD、VQ30DDをFR搭載のY34セドリック/グロリアに搭載している。

　そして、この筒内噴射エンジンの最終形が2001年にモデルチェンジしたV35スカイラインに採用された。VQ25DD、VQ30DDともに電磁式制御のeVTCが採用され、それまでのCVTCより応答性の早い吸気バルブタイミング制御にしている。この2001年のV35

スカイラインに搭載された仕様を最後に、2006年からはHR型にバトンタッチされた。

　それでは、VQ筒内噴射エンジンの主要技術について見ていくことにしよう。

　このエンジンでは燃焼を低速低負荷での成層燃焼領域、それよりやや高速側での均質リーン燃焼領域、そしてそれ以外の高負荷域及び高速域でのストイキ（理論混合比）均質燃焼領域の3種類の燃焼状態を切り替えて使っている。

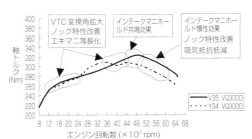

V35搭載用VQ30DDは従来のY34搭載用に対して図のような性能向上により出力で20ps、トルクで1.5kgmの性能向上を実現している。V35搭載VQ30DDエンジン性能向上（対Y34搭載VQ30DD）低速トルクはVTC変換角の拡大（30→40°）とノック特性改善、排気マニホールドの等長化により、最大トルクは吸気マニホールドのブランチ長さ等長化により、そして高速の出力は吸気マニホールドの慣性過給効果アップ、吸気抵抗低減、ノック特性改善等により向上している。

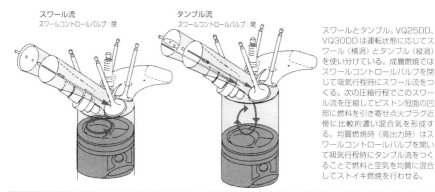

スワール流
スワールコントロールバルブ：閉

タンブル流
スワールコントロールバルブ：開

スワールとタンブル。VQ25DD、VQ30DDは運転状態に応じてスワール（横渦）とタンブル（縦渦）を使い分けている。成層燃焼ではスワールコントロールバルブを閉じて吸気行程時にスワール流をつくる。次の圧縮行程でこのスワール流を圧縮してピストン冠面の凹部に燃料を引き寄せ点火プラグ近傍に比較的濃い混合気を形成する。均質燃焼時（高出力時）はスワールコントロールバルブを開いて吸気行程時にタンブル流をつくることで燃料と空気を均質に混合してストイキ燃焼を行わせる。

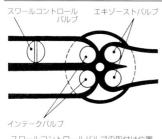

スワールコントロール
バルブ

エキゾーストバルブ

インテークバルブ

スワールコントロールバルブの取付け位置。

　ここでは、筒内噴射エンジンとして最初に設定されたY33セドリック/グロリア搭載用と、最終仕様のV35スカイラインに搭載されたエンジンについて説明をしていく。

　1997年に発表されたVQ30DDエンジンの開発では、燃焼の基本を決めるシリンダー内のガス流動・混合気形成を最重点の課題として取り組まれた成層燃焼のためにはガス流動の強化は不可欠となるが、反面ガス流動の強化は高出力運転時の均質燃焼時の吸気抵抗増大を招きやすいという一面を持っている。また、成層燃焼のためには燃焼室内の一部分に混合比の濃い領域をつくる必要があるが、これは急速燃焼させることが重要である均質燃焼のためのコンパクトな燃焼室という要求とどのように両立させるかが大きな課題であった。

　この課題を解決する技術として、浅皿ピストンとキャスティングネットインジェクター、エアロダイナミックストレートポートとスワールコントロールバルブを組み合わせた燃焼システムが開発された。この燃焼システムにより、大幅な燃費向上を実現する成層燃焼と高出力を得る均質燃焼の二つの燃焼方式をバランスよく実現させることが可能になった。

　成層燃焼時はエアロダイナミックストレートポート手前に配置したスワールコントロールバルブを閉じて、圧縮行程後半でピストン冠面の浅皿内に安定したスワールを形成する。噴射された燃料はピストン冠面に衝突して微粒化した後、スワールにより気化しながら混合気を形成し、スワールによる上昇流に乗って浅皿の側面に沿って持ち上がった混合気はすぐ近くにある点火プラグで着火する。

　いっぽう、均質燃焼時はスワールコントロールバルブを開いて吸入効率を確保するとともに、タンブル流を発生させて均質度の高い混合気を形成させる。

　ピストン冠面の浅皿形状は、成層燃焼と均質燃焼を両立させるキーポイントであった。あまり浅い形状では成層混合気が充分に形成されず、かといって深すぎるとタンブル流によるガス流動を阻害してしまうからである。この筒内噴射エンジンの開発では、スワールと高圧噴射弁のコンビネーションを最大限活用して成層燃焼を成立させるぎりぎりまで浅底にしている。

　この筒内噴射エンジンで採用している高圧燃料噴射弁(キャスティングネットインジェクター)は、噴霧の水平方向への進行成分を強めて成層燃焼、均質燃焼いずれにおいてもピストン冠面へ液膜付着を均一にすることでスモーク(黒煙)の排出を少なくしている。この水平方向への拡散は均質燃焼時の混合気均質化にも効果があるので、吸入した空気を有効に燃焼に生かすことができ、高出力実現に寄与している。

　吸気ポートはデュアル形状にしてあり、片側にスワールコントロールバルブが取り付けられている。その上流にある吸気マニホールドは長短切り替え式になっており、低速では長ブランチに、高速域では短ブランチに切り替えて、低速トルクと高速出力の両立が図られている。

■V35スカイライン搭載用VQ25DD、VQ30DDエンジンの開発

　スカイラインに初めてVQエンジンが搭載されたのは2001年6月のことである。1965年に発表した2000GT以来の直列6気筒エンジンを搭載するという伝統を破ったことになる。もちろん、スカイラインはプレミアムスポーツセダンであり、V型6気筒エンジンを搭載するにしても、それに相応しい走りの実現が目指された。そのために、エンジンの搭載に当たっても、V型6気筒の全長の短さを最大限に生かす配慮がなされた。VQエンジンをできるだけクルマの重心に近づけることで車両の運動性能を向上させる

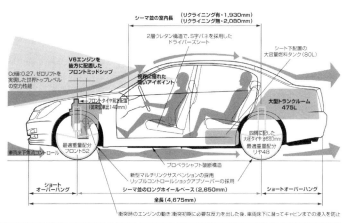

FMパッケージのスカイラインV35型。フロントにあるエンジンの重心位置がフロントの車軸より後方にあるのでフロントミッドシップと称された。FR駆動方式で前後の重量配分を50対50に近づけるためにタイヤを前に出してエンジンを相対的に後退させている。

171

ことにしたのである。最重量物であるエンジンの搭載位置は重心や前後の荷重配分に最も大きな影響を与える。そのために、直列6気筒エンジンでは制約があったのだ。

　もちろん、VQエンジンもプレミアムスポーツセダンにふさわしいものにするために性能向上が図られた。具体的には、従来型のVQ-DDエンジンに対して高速域の出力アップとレスポンスの向上に重点を置いた出力特性にし、心地良いエンジン音を演出し、エンジン回転速度にリニアに変化し、濁りのない音の実現がめざされた。出力アップに対しては、

①吸気マニホールドをツインコレクター化し、吸気ポートを等長化することで中高速域での慣性過給効果が強められた。これにより、中高速域の吸入空気量が増大して最大トルクを向上している。

②シリンダーヘッドのウォータージャケット薄肉化による燃焼室の冷却性改善。燃焼室の冷却を改善して同じ吸入空気量で比較したノック特性を改善し、最適な点火時期を使えるようにしている。

③排気マニホールドの各気筒等長化及び流れのスムーズ化による排気脈動効果の増大。これにより他気筒の脈動により排気が促進されるため、結果的に吸入空気量が増加している。

④外気導入吸気ダクトの通気抵抗改善。外気導入ダクトはエンジンが吸入する空気の最初の入口であり、非常に重要な部品である。しかし、雨などの水を吸い込まないようにし、またラジエターより前で冷たい空気を吸い込む必要があるなど制約が大きく、従来は吸入ダクトの断面積は小さくなりがちであった。このV35搭載にあたっては、ツインエアクリーナーにして、ラジエター両脇からストレートにエアクリーナーに外気を導入するようにした。これにより、吸入空気の直流抵抗が減って、シリン

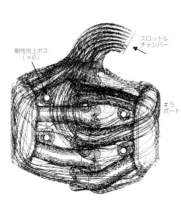

剛性向上ボス
（×6）

スロットル
チャンバー

＃5
ポート

V35搭載VQ30DDエンジン吸気系。吸気マニホールド内のポート入口部に左右バンクそれぞれに容積部分を設けることで共鳴効果を利用して中速域のトルクを向上した。高速でこの圧力脈動が残ると出力が低下するので左右バンクの容積部を適度に連結して慣性過給効果を利用できるようにしている。

排気系の等長化。V35搭載VQ30DDエンジンでは各ポートから集合部までの長さを等長化し、かつ流れがスムーズになるよう形状を選んだ。この結果排気干渉音が低減されクリアな音質にできた。

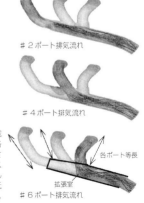

＃2ポート排気流れ

＃4ポート排気流れ

各ポート等長

拡張室

＃6ポート排気流れ

ダーに入る空気量を増加させること
ができた。

　レスポンスアップに対しては、
eVTCの採用で対応している。従来
は油圧を使ったバルブタイミング制
御をしていたが、電磁式にしたこと
で油圧の低い低回転時の応答が改善
された。これにより、過渡応答時
に、より早く最適なバルブタイミン
グを与えることができるので、過渡
時のトルクが向上し、吹き上がりが
速くなっている。

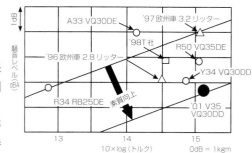

VQ30DD エンジンの NVH 低減効果。シリン
ダーブロック、シリンダーヘッド、オイルパン、
フロントカバーなど構造物の剛性を向上して旧型
(R34)に対して 25％エンジン騒音を低減した。

　エンジン音改善に対しては、以下のような対策がとられた。
①エンジン本体の剛性向上：シリンダーブロック、シリンダーヘッド、オイルパン、
チェーンカバーなどの剛性をFEMにより解析し、肉厚、リブ配置による最適化。
②スーパーサイレントチェーン採用：従来のローラーチェーンからスーパーサイレン
トチェーンに変更することで、チェーンのスプロケットへの衝撃力が緩和されて高周
波ノイズの大幅な減少。
③排気マニホールドの等長化：流れのスムーズ化は排気干渉音を低減してクリアな音
質の実現。
④吸気マニホールドの等長化：高回転でのランブリングノイズ(濁った吸気音)の大幅

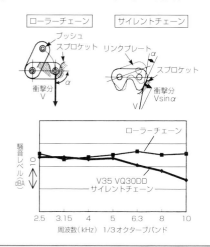

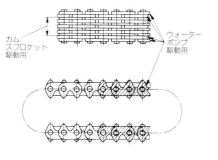

VQ25DD、30DD に、従来のローラーチェーンに
代えてスーパーサイレントチェーンを採用した。
ローラーチェーンではローラーがスプロケットの歯
底に垂直に当たって衝撃力を発生していたが、スー
パーサイレントチェーンでは斜めに接触するため衝
撃力が緩和されてチェーンノイズが低減されている。

な低減。

　日産の筒内噴射エンジンは1997年に
VQ30DDエンジンがレパードに搭載され
市場投入され、A33セフィーロ、Y34セ
ドリック/ローレル、V35スカイラインと
V型6気筒エンジンを搭載する主要なセダ

日産の筒内噴射エンジンであるVQ30DEDD
エンジンを搭載して発売されたレパードXR。

ン系の車種に採用されてきた。2006年のV36スカイラインのモデルチェンジの際に廃
止されるまで約10年にわたって生産されたユニットである。

　しかし、実際にはそれほどの注目を集めることがなかったようである。これはVQ筒内
噴射エンジンの問題というより、超希薄燃焼＋筒内噴射のコンセプト自体の問題だった
といえよう。

　この、筒内噴射エンジンを従来の吸気ポート噴射＋ストイキ燃焼に切り替える流れ
は筒内噴射エンジンの草分けである三菱およびトヨタも同様で、実質的に日本メー
カーは筒内噴射による超希薄燃焼から全面撤退している。

　筒内噴射による超希薄燃焼運転は、人為的アクセル操作が入らないモード運転では
確かに燃費が良くなるが、実際に人間が運転した場合はアクセルペダルの開閉が頻繁
になり超希薄領域での安定した運転はむずかしい。

　また、超希薄燃焼領域と理論混合比領域間の移行時のレスポンスやショックなど運
転性にも問題を残している。そして何よりも超希薄燃焼をさせるためには3元触媒を
使えず、リーンNOx触媒を使うことになるが、ますます厳しくなる北米や欧州の排気
規制に対応することは非常にむずかしいのが実状であった。

混合気の微粒化を図るためにピエゾ
インジェクターを採用したBMWの
新世代ガソリン直噴エンジン。

　このグローバルな時代に日本仕様だけ超希薄燃焼を
残すわけにはいかない。

　このような理由で筒内噴射＋超希薄燃焼システムは
姿を消すことになったのである。

　日本メーカーではその後、トヨタだけがV型6気筒
エンジンで筒内噴射エンジンの生産を続けたが、超希
薄燃焼は諦めて、フラット冠面にしたピストンでスト
イキ燃焼のみとしている。これは筒内噴射エンジンの
メリットである吸気冷却を有効に利用して高圧縮比に
よる高出力化を狙ってのことだ。

　このような日本メーカーの動きに対して、ヨーロッ
パメーカーは日本メーカーが撤退した2005年頃から本
格的にガソリン筒内噴射を採用し始めた。ストイキ燃

焼から始め、希薄燃焼も視野に入れている。もちろん日本メーカーの"失敗"を研究していることは、いうまでもないだろう。

　ベンツやBMW、VWなどヨーロッパのメーカーは、ストイキ燃焼といっても圧縮比アップや燃焼改善により確実に従来のマルチポイント噴射に比べて実用燃費をきちっと良くして、人気の高いディーゼルエンジンとの燃費差を詰める努力をしている。

3. 3.5リッターおよび2.3リッターVQエンジンの開発

■3.5リッターのVQ35エンジン

　VQエンジンを開発していた1980年代後半は石油価格が高騰し、また、それに呼応して北米の燃費規制が厳しくなる見通しだったために、日産でもエンジンのダウンサイジングを検討し始めていた。

　そのため、北米用マキシマも燃費規制に対応して2.5リッター化を視野に入れていた。これは全車種を2.5リッター化するのではなく、燃費向上仕様として2.5リッター版も設定しようという意図であった。しかし、結局のところ、北米のユーザーには動力性能を犠牲にした燃費向上は受け入れられないという結論に達して、この2.5リッター構想は実現しなかった。

　このような排気量縮小へ向かう企画の流れのなかではあったが、VQエンジンの3.5リッター対応は検討を具体的に行っていた。VQエンジンを開発しているチーム内では遠からず3.5リッターが必要となる時代が来ると予想し、そのときに素早く、しかも安価に対応できるように、あらかじめ3.5リッターの設備投資を織り込んでおこうという目論見があったからだ。

　しかし、実際には設備投資が数10億円よけいにかかることもあって、開発のトップは見送る判断をした。ところが、結局のところVQエンジンの立ち上がりから6年後に3.5リッター仕様を追加することになった。北米SUV市場でVG33E搭載のR50が最高出力、最大トルクでライバル車に見劣りしておりテコ入れが急務なこと、ラグジュアリークラス車両の競争力向上が必要になってくると判断されたためである。

　実際に3.5リッター版VQエンジンの企画がスタートしたのは1997年初めであった。3.5リッター仕様を企画した理由は、以下の通りである。

①北米のSUV市場でR50（パスファインダー）に搭載しているVG33Eは出力、トルクともクラス最下位で新エンジン開発が急務であること。

②国内でもエルグランドなどのRV車で大排気量エンジンの要望が高まってきた。2トンを越える車両では低速トルクの大きなエンジンの要望が強く、従来のVG33Eでは他

社との競争力がなくなりつつあったこと。

③北米や欧州の自動車メーカーは続々と300psを超えるエンジンを開発しており、日産としても300psを超える高性能エンジンの品揃えが必要であったこと。

④国内の税制改正にともない、VQエンジンのメインとなる排気量が2.5リッターとなり、しかも高性能化してきており、3リッター仕様との差別化がしにくくなったこと。

⑤国内の280ps規制撤廃の動きがあり、3リッター以上のエンジンを開発する動きが国内各社で出てきていたこと。実際には280psの自主規制(という名の下の行政指導)が2004年に撤廃されることになった。

　排気量については3.5リッター以上の可能性についても検討されたようだが、デッキハイトを変えないぎりぎりの排気量である3.5リッターが最終的に選択された。

　なお、この後、さらなる排気量アップの要望が北米市場から出ており、デッキハイトを伸ばして4リッター仕様が開発されている。このエンジンは2005年にフロンティ

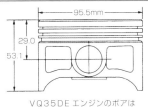

VQ35DE エンジンのボアは
95.5mmに拡大されている。

Z33 フェアレディ Z に搭載された VQ35DE エンジン。

[VQ35DE]

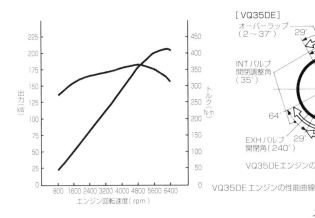

VQ35DEエンジンのバルブタイミングダイヤフラム

VQ35DE エンジンの性能曲線

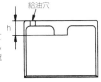

シムレスバルブリフター。VQ35DEから採用し、HR型でも継続して採用している。従来アウターシムでバルブクリアランス調整をしていたが、シムを廃止して直接バルブリフター冠面の厚さ(h)違いを選定することで行っている。この冠面厚さは7.88〜8.40mmまで0.02mm飛びに27種類設定されている。

ア、エクステラ、パスファインダーなどに
搭載されている。

　3.5リッターエンジンの企画が進んでい
たころは、筒内噴射エンジンが開発されて
いた時期であったが、3.5リッターは北米
市場を主なターゲットにするという理由
で、通常のマルチポイントの燃料噴射で開
発されたのは、近未来は筒内噴射からマル
チポイントに回帰することが社内決定し
ていたという事情もあった。

　実際にはVQ筒内噴射エンジンの後継と
してHR型の企画、開発が2002年頃から開
始されている。

最初に3.5リッターVQ35DEエンジン
を搭載して登場したエルグランドX。

同じくVQ35DEエンジンを搭載したフェアレディZ33型。

　VQ35エンジンが最初に搭載されたのは2000年8月、エルグランドのマイナーチェン
ジの際で、240ps仕様のエンジンであった。RV車用として低速トルクを重視した
チューニングとなっている。同じ240psで北米仕様を2001年にパスファインダーに搭載
されている。このエンジンは吸排気系を高性能車用にチューニングし直して272〜
280psまでパワーアップされて、Z33フェアレディZやV35スカイラインなどにも採用さ
れた。V35スカイラインでは2001年のモデルチェンジ時には筒内噴射のVQ30DDが設定
されており、その半年後の2002年7月にはVQ35DEが設定された。実質的にはVQ30DD
に代わる仕様であった。

■ティアナ用2.3リッターVQエンジン

　日産は、2003年にティアナを発売する際にVQ23DEエンジンを新たに設定してい
る。すでにVQ20DEとVQ25DEという2リッターと2.5リッターエンジンを持っているに
も関わらず、2.3リッターという、一見すると中途半端なエンジンが設定されたのであ
る。VQ23DEのボア・ストロークは85×69mmで、ボアはVQ25DEと同寸法でストロー
クが短くなっている。

　このVQ23DEエンジンの開発の狙いは、VQ20DEエンジンの低速トルクアップを安い
コストで実現することであった。そのため、排気量の構成で見ると2.5リッターのス
ケールダウンのように見えるが、考え方としてはむしろ2リッターのスケールアップと
いえる。実際の設計としては2.5リッターのボア径を流用して2リッター用クランクシャ
フトをストロークダウンして使っている。使用燃料も2.5リッター仕様ではプレミアム
指定であるが、この2.3リッターではレギュラー指定になっている。また、VQ25DEで

採用している可変吸気などは採用してお
らず、ベース排気量の素質を生かして性
能を実現している。いってみれば、2リッ
ターの値段で2.3リッターの性能が買える
という設定をしたのである。これは、
1990年度の税制改定によりこの差が小さ

2.3リッターのVQ23DEエンジンが搭載された初代ティアナ。

くなって、2リッター仕様を設定する意味が薄れたことが大きく影響している。

　このVQ23DEエンジンは、その狙いどおりユーザーからは評判の良いエンジンで
あったが、2008年に発表された2代目のティアナ（J32）では廃止されて、排気量は2.5
リッターに上げられている。これはFR用VQエンジンが2006年に大幅に仕様変更され
てHR型となり、排気量は3.5リッターと2.5リッターの2本立てに統廃合されたのにとも
なって、従来のVQエンジンシリーズも統廃合された結果である。従来の乗用車用2.5
リッターはプレミアムガソリン指定であったが、J32用VQ25DEでは最高出力、最大ト
ルクを下げてレギュラー指定に改められている。つまり、お買得仕様のエンジンを2.5
リッターで設定したということである。

4. VQエンジン用トランスミッションの進化

　VQエンジンが誕生した当初は、オートマチックトランスミッションは旧来のまま
だった。そのため、ATのトルクキャパシティが足らずにVQエンジンのトルクカーブ
に制約を受けるところがあった。また、古い4速ATのため適切なギア比を選ぶことが
できず、MTに比べると最高速度が10km/h以上低くなっていたのである。

　パワートレーンというのは、エンジンとトランスミッションがお互いの性能をフル
に引き出してこそ、すばらしい性能を発揮できるもので、このオートマチックトラン
スミッションの問題は、セドリック/グロリアでも同じであった。同様にVQ搭載にあ
たって、旧態依然とした4速ATを甘んじて使わなければならなかったのである。

　待望の新しいATが投入されるのは、FF車では2003年に発売されたティアナから、FR
車では2001年に発売されたV35スカイラインからである。

　ティアナにはVQ35DEエンジンと組み合わせて、新開発のCVTが搭載された。この
無段変速のCVTは変速ショックがなく、従来のATとは異次元の運転感覚であった。し
かし、このCVTが採用されたのは上級エンジンのVQ35DEだけで、VQ23DEやQR25DE
との組み合わせでは相変わらず4速ATであった。

　V35スカイラインには新開発の5速ステップATが採用されている。21世紀に採用する

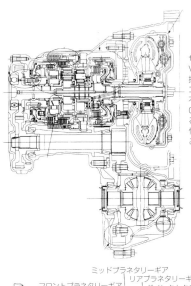

セフィーロA32に
VQエンジンとともに
採用された4速AT。新
エンジン用としては役
不足で2002年に
CVTと組み合わされ
るまでVQエンジンの
性能をフルに引き出す
ことはできなかった。

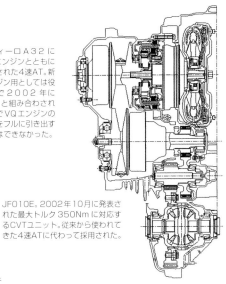

JF010E。2002年10月に発表さ
れた最大トルク350Nmに対応す
るCVTユニット。従来から使われて
きた4速ATに代わって採用された。

ミッドプラネタリーギア
フロントプラネタリーギア　　　リアプラネタリーギア
　　　　　　　　　　　　ダイレクトクラッチ
　　　　　　　　　　ハイ＆ローリバースクラッチ
　　　　　　　　　　　　フォワードブレーキ
　　　　　　　　リバースブレーキ　ローコーストブレーキ

FR用5速AT。VQエンジン
発表時は4速ATしか存在せ
ず、エンジン性能をフルに引
き出すには力不足であったが、
2001年にやっと5速ATが
発表された。しかし、他社はこ
の時点ですでに6速以上を投
入しており、7速ATを追加で
開発することになる。

　　　　　　　　　　　　　　　アウトプットシャフト
　　　　　　　　　　　　　リアエクステンション
オイルポンプ　　　　　　　フォワードワンウェイクラッチ
　フロントブレーキ　　　コントロールバルブASSY・A/T C/U
　トルクコンバーター　　　1stワンウェイクラッチ
インプットシャフト　3rdワンウェイクラッチ　インプットクラッチ

ATが5速というのはいささかVQにとって役不足である感じだが、従来の4速ATに比べ
ればシフトショックも洗練されていて、ロックアップ制御も最新になっている。

　日産は2008年に7速ATを発表したが、トヨタは2006年にすでにレクサスで8速ATを発
売している。自動車メーカーが競って多段ATを発表しているので、ステップATでは
変速段数が多いほうが良いことだと勘違いする人がいるかもしれない。

　多段の利点は、段間の変速比を広げることなく、オーバーオールギア比を大きく取
れることであるが、6速でオーバーオールギア比はすでに6以上に達しており、ガソリ
ンエンジンであれば、これ以上はあまり意味がないといえるだろう。6速以上にして
もビジーシフト(年中変速している)になるだけで、7速以上は技術的にはあまり意味

がないので、それほど多くの車種に普及することがないと思われる。しかし、ヨーロッパに端を発して世界中に広がったクリーンディーゼルでは、カバーする回転領域が狭い（800〜5000rpm程度）ので7速や8速ATを採用する意味はある。

　ベルトCVTはかつては2リッター以下の小排気量エンジン用であったが、ベルトを始めとする各部の耐久性向上とともに3.5リッターエンジンにも使えるようになってきている。

　以上のCVTはFF用のベルト式であるが、これとは別にFRでは1999年に発表されたY34セドリック/グロリアにトロイダルCVTが、そして2001年に発表されたV35スカイラインからトロイダルCVTとともに5速ATが採用されている。その後トロイダルCVTは使用されなくなったが、この章の最後にこれについて触れておきたい。

　通常のCVTは金属ベルトによる駆動伝達であるが、Y34に採用されたトロイダルCVTでは、入力ディスクと出力ディスクのあいだに置かれたパワーローラーを傾けることで変速比を無段階に変えるようにしている。ベルトCVTは入力軸と出力軸が平行に配置されるので横置きFFに適したパッケージングを有しているのに対して、トロイダルCVTは構成要素が軸方向に並べられるのでFR搭載に適した構造となっている。このパ

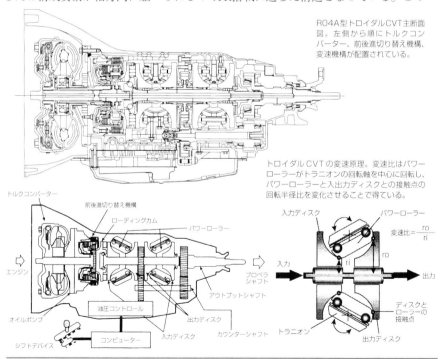

R04A型トロイダルCVT主断面図。左側から順にトルクコンバーター、前後進切り替え機構、変速機構が配置されている。

トロイダルCVTの変速原理。変速比はパワーローラーがトラニオンの回転軸を中心に回転し、パワーローラーと入出力ディスクとの接触点の回転半径比を変化させることで得ている。

トルクコンバーター

前後進切り替え機構
ローディングカム
パワーローラー

入力ディスク
パワーローラー

$$変速比 = \frac{ro}{ri}$$

エンジン

プロペラシャフト

入力

ri
ro

出力

油圧コントロール
アウトプットシャフト

オイルポンプ

出力ディスク

ディスクとローラーの接触点

シフトデバイス
コンピューター
入力ディスク
カウンターシャフト

トラニオン

出力ディスク

ワーローーラーを用いたトロイダル方式では、ベルト式CVTよりも大トルクを許容でき、実際に組み合わされたVQ30DETの最大トルクは39.5kg-mであった。大トルクのFR搭載に採用するCVTとしては今のところトロイダル方式しか存在しないという状況である。

　このように優れた性能を有するトロイダルCVTではあるが、コストが高いことが最大の問題で、トロイダルCVT仕様の車両価格はかなり高い設定になっていたために、あまり多く売れるものにはならなかった。そのため、Y34の次のモデルとして登場したフーガには採用されなかった。

　V35スカイラインでも、VQ30DETエンジンとの組み合わせではY34と同様にトロイダルCVTが採用され、VQ30DDエンジンとの組み合わせで新開発の5速ATが採用されている。しかし、V35スカイラインの次期型V36ではターボ仕様の消滅とともにトロイダルCVTも採用が中止されてしまった。

第7章 VQHRエンジンの誕生

　VQエンジンが1994年に誕生して以来、モデルチェンジともいうべき大幅な改良が加えられたのは2006年8月のことである。それまでの小刻みな改良とは一線を画すもので、VQエンジンの進化版としてHRと名付けられた。HRは、ハイリボリューションまたはハイレスポンスという言葉の頭文字をとったものであるという。

　排気量のラインナップは2.5リッターと3.5リッターの2種類に統合されている。このHR型エンジンは、FR縦置き搭載用だけが設定され、FF横置き搭載用は従来のVQエンジンが引き続き搭載された。FF横置き搭載用VQでも排気量は2.5リッターと3.5リッターの2種類になっている。

　このHR型のコンセプトは、より高いエンジン性能と環境、低燃費との両立を図ることであった。それまでのVQエンジンは、高回転を追わずに高効率を目指したエンジンであったが、HR型では、本来のVQエンジンの持つ高回転の伸びの良さを最大限に引き出しながら、低燃費と環境対応を実現するというむずかしい課題にチャレンジしている。環境対応と低燃費は、これからのエンジンとして持ち合わせるべき重要な資質であるが、同時にエンジン本来の高性能との両立を図ることをめざして開発された。

　このHR型エンジンが開発された裏には、日産の大きな路線変更が示唆されている。

モデルチェンジされてV36となったスカイラインに搭載されたVQHRエンジンは旧スカイラインと同じようにFMパッケージを採用しているが、エンジンの搭載高さは、さらに15mm下げて、運動性能の向上に貢献している。

シリンダーブロック高さアップ	左右対称ツイン吸気システム	非対称ピストンスカート
シリンダーヘッド変更	エンジンカバー吸音材	等長エキゾーストマニホールド
ストレート吸気ポート	ロッカーカバー剛性アップ	高着火性イリジウムプラグ
チェーンカバー剛性アップ		コンロッド長延長
油圧式CVTC 吸気側設定		水素フリーDLCバルブリフター
電磁式CVTC 排気側設定		バルブスプリングバネカアップ
オイルポンプローター変更		クランクジャーナル径アップ
オイルパンアッパー剛性アップ		バルブ径変更
オイルパンロア剛性アップ		ピストンリングPVD処理
クランクピン径アップ		ラダーフレーム設定
冷却水流れ改善		スパークプラグM12化
ツインノックセンサー		圧縮比アップ

VQHRエンジンに採用されたさまざまな技術。VQエンジンの発展型として高性能化を果たすために日産の技術が結集された。

筒内噴射による成層燃焼での燃費向上をめざした技術追求とは訣別し、ストイキ燃焼へと回帰したことを示すものであった。というのは、成層燃焼による燃費向上は、アクセルをあまり踏まずに一定の開度で走れば燃費が良くなる傾向が見られたが、HRのコンセプトは高回転まで気持ち良くまわるポテンシャルを持たせながら、徹底的なフリクション低減や燃焼素質向上により実用燃費を向上するという考え方を徹底させようとしている。

こうしたエンジン開発の路線変更は、大きく分けて三つの理由がある。

一つ目はその燃焼室形状である。ピストン冠面にボール状の凹みを設ける成層燃焼は、どうしても高回転、高負荷時の均質燃焼との両立がむずかしい。従来の均質燃焼エンジンはピストン冠面をいかに滑らかに設計して急速燃焼を実現できるかを追求してきたわけで、筒内噴射エンジンのような凹みが悪さをしないわけがない。

二つ目は排気対策の問題がある。筒内噴射エンジンではリーンNOx触媒の採用に頼ることになり、超希薄燃焼を行うかぎり三元触媒を使うことができず、今後ますます厳しくなる排気規制に対応するのは現状ではむずかしいと考えたことだ。

筒内噴射エンジンをやめるもう一つの理由は、そのコストにある。高圧燃料噴射インジェクターやリーンNOx触媒とその前後に配置するA/Fセンサーなど、コストを押し

非対称ピストンスカート	32bitマイコン制御	高着火性イリジウムプラグ
軸受け鏡面仕上げ	圧縮比アップ	長放電イグニッションコイル
油圧式CVTC 吸気側設定	スパークプラグM12化	水素フリーDLCバルブリフター
電磁式CVTC 排気側設定		バルブスプリングバネカアップ
ピストンリングPVD処理		クランクジャーナル径アップ
ツインノックセンサー		微粒化フューエルインジェクター
冷却水流れ改善		

VQHR燃費向上技術として、エンジンの素質性能アップ、エンジン制御の改善、フリクション低減などにより実用燃費を10%向上した。

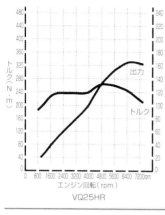

VQ25HR

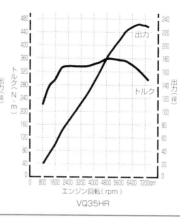

VQ35HR

VQHRエンジン性能曲線。最高回転速度を約1000rpm上げてリッターあたりの出力を大幅に引き上げた。2.5リッターエンジン（左）で当初のＶＱ３リッターエンジンの出力を上まわっている。

上げるのを避けることができない。余分なコストをかけるシステムを採用しないで、同等以上の性能のエンジンにすることこそ技術追求の本質であるという考えに基づくものであった。

VQHRエンジンの性能

項　目	VQ25HR	VQ35HR	VQ37VHR
排気量(cc)	2495	3498	3696
ボア・ストローク(mm)	85.0×73.3	95.5×81.4	95.5×86.0
最高出力(kW/rpm)	165/6800	232/6800	245/7000
最大トルク(Nm/rpm)	263/4800	358/4800	363/4800
最高回転速度（rpm）	7500	←	←
リッターあたり出力(kW/l)	66.1	66.4	66.3
リッターあたりトルク(Nm/l)	105.4	102.3	98.2

　そのために、HR型はエンジン本体のフリクションを極限まで減らし、またストイキ（理論混合比）領域を高速高負荷まで広げることで、実用運転で活発に走らせても燃費が良いエンジンにしている。

　筒内噴射エンジンでは、吸気行程でシリンダー内に直接燃料を噴霧していたので吸気冷却効果が高く、従来のVQに対して1圧縮比を上げることができたが、HRではさすがにそこまで高くすることはできず、VQ25HRで10.3、VQ35HRで10.6の圧縮比に留まっている。VQ37VHRでは高出力を絞り出すために、11.0の高い圧縮比と7400rpmで最高出力を得るという超高回転型になっている。

1. VQ25HRおよびVQ35HRの主要変更点

　1994年に登場したVQエンジンは6年後の2000年に3.5リッター仕様追加、そして2001年に直噴仕様を追加したが、本体系に及ぶ大きな変更は、2006年登場のこのHR型が初めてである。VQエンジンを企画した1989年当時、エンジン本体変更を含む大幅な仕様変更は発表後10年程度経ったら必要になると予想されたから、ほぼその読み通りの仕

様変更だったということができるだろう。

　以下に主要変更部位について説明を加えていく。

■高回転化対応（最高エンジン回転速度7500rpm）

　本体構造での最も大きな変更が、シリンダーブロックをベアリングキャップ方式からラダーフレーム方式に変えたことである。従来のベアリングキャップは鋳鉄製で

あったが、ラダーフレームはシリンダーブロック本体と同じアルミ鋳造となるので、軽量化には都合がよい。ただし、アルミ材の方が鉄鋼材よりも線膨張係数が大きいので、運転時にメタルクリアランスが大きくなってメタルのガタ打ち音が発生する問題を解決する必要があった。このために、シリンダーブロック及びラダーフレームの両側のベアリングキャップ部に鋳鉄を鋳込んでいる。最近のアルミシリンダーブロックでラダーフレーム方式を採用しているエンジンでは、常套手段となってきている手法だ。

鋳鉄ベアリングキャップを鋳込んだVQ35HR
用ラダーフレーム付きのシリンダーブロック。

　これとともに、クランクシャフトのメインジャーナル、ピンともに軸径を太くして剛性を向上させている。一般に軸径を太くすると、剛性は軸径の3乗に比例して高くなるので効果は大きい。しかし、その一方でフリクションロスは大きくなるので、その対策が必要となる。そのため、主運動系を中心としたフリクション低減が図られた。ピストンのスカート形状変更やコンロッド長の延長によるサイドフォースの低減などである。さらに、動弁系部品のフリクションも低減して、クランクシャフトの

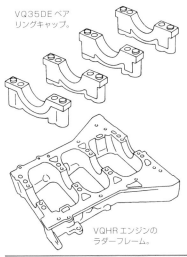

VQ35DE ベア
リングキャップ。

VQHR エンジンの
ラダーフレーム。

VQ35DE　　　　　　　　VQ35HR

VQHR では従来のベアリングビームを進化させたラ
ダーフレーム構造を採用して高回転化に対応している。

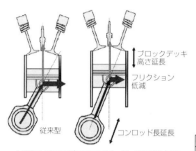

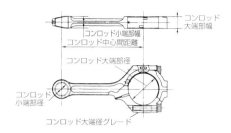

VQ35HRエンジンのコンロッド。エンジン回転速度が上がっていくとピストンのフリクションは加速的に増えていく。VQHRではコンロッド長さを長くしてピストンのサイドフォースを減らすことでこのフリクションを減らしている。

エンジン型式			VQ25HR	VQ35HR
コンロッド	中心間距離	(mm)	147.65	151.8
	大端部径×幅	(mm)	φ53×20.8	φ57×20.8
	小端部径×幅	(mm)	φ22×20.8	←
コンロッドベアリングキャップ取付方式			ボルト方式	←

VQHR用プラグは中心電極にイリジウムを、接地電極にプラチナを使って確実な点火を確保することで始動時から安定した燃焼を実現している。

ジャーナルやピンで増えたぶんを相殺するように設計されている。

　フリクション低減のためにストローク一定でコンロッド長さを長くすると、それだけブロックが高くなってしまう。VQ35HRでは、従来のVQ35DEエンジンに対してコンロッドを約7.6mm伸ばしており、これによりブロック高さも8.4mm高くなっている。両者の寸法が一致しないのは、HR型でピストンのコンプレッションハイトを0.8mm伸ばしているからだ。コンロッド長さを長くすれば長くするほど運転時のコンロッドの傾きが小さくなり、ピストンの受けるサイドフォース（ピストンを横に押す力）が小さくなる。これはフリクションロスの低減効果が大きいものだ。

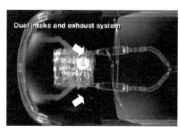

VQHRのツイン吸気システム。左右バンクの吸気システムを独立させることで曲がり等による吸気抵抗を低減している。

ストレート吸気ポートの採用。左右バンク独立の吸気コレクターから直線的に配置された吸気ポートにより吸気抵抗を18%低減している。

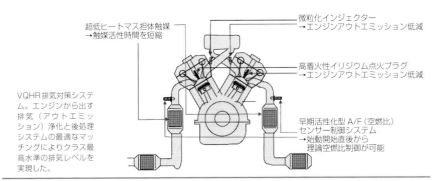

超低ヒートマス担体触媒
→触媒活性時間を短縮

微粒化インジェクター
→エンジンアウトエミッション低減

高着火性イリジウム点火プラグ
→エンジンアウトエミッション低減

VQHR排気対策システ
ム。エンジンから出す
排気（アウトエミッ
ション）浄化と後処理
システムの最適なマッ
チングによりクラス最
高水準の排気レベルを
実現した。

早期活性化型 A/F（空燃比）
センサー制御システム
→始動開始直後から
　理論空燃比制御が可能

　吸排気系も大幅な仕様変更が行われている。シリンダーヘッドは吸気バルブ径を大きくしてストレートポート化することで、吸気抵抗が18％低減されている。また、点火プラグのネジ径をM14からM12にサイズダウンすることで、点火プラグまわりの水まわりを改善して、燃焼室の冷却向上が図られている。これにより、ノック特性の改善が図られて、低速高負荷運転時にMBT（Minimum advance for the Best Torque）運転に近づけられるので、低速トルクアップと全負荷運転時の燃費向上を図ることができる。

　また、排気マニホールドのブランチを等長化するとともに流れをスムーズにして、排気抵抗の低減が図られている。排気マニホールドを等長化すると、他気筒の排気脈動による負圧により排気の促進がされるため、出力が向上する。

　吸気（油圧制御）および排気（電磁制御）に連続可変バルブタイミング制御を採用して、低速から高速まで最適なバルブタイミングになるようにしている。

2. VQ25HRおよびVQ35HRの採用技術

　以下にそれぞれの開発の狙いと、それに対応する技術についてみていこう。エンジンの性能向上を図るには高回転化するのが早道であるが、そのための対策が必要であり、ますます重要になってくる燃費性能や排気対策などとの兼ね合いを考慮しなくてはならない。

■高回転対応技術

1）最高回転の向上

　従来の最高回転速度6500rpmから一気に1000rpmアップの7500rpmまで向上させている（VQ35HRの場合）。ピストンやコンロッドをそのままで1000rpm上げると、慣性力は33

VQHRエンジンはVQエンジンをベースにして出力性能、燃費、音振性能など全面的な改良を行っている。

%増加する。実際はピストンやコンロッドをその慣性力に耐えるように強化しなくてはならないので、50%程度の慣性力アップになっている。

クランクシャフトのジャーナル径およびピン径をアップして慣性力増大に対応したわけだが、この対策は同時にクランクシャフトの剛性向上にも寄与している。剛性を上げることでメタルの片当たりを減少させることができる。

動弁系では、VQ35DEから採用しているシムレスバルブリフターをHR型でも採用している。従来はアウターシム式であったが、シムを廃止することでカムの加速度を下げられ、往復運動部分の軽量化ができるので、バルブ運動性能が向上する。これにより高回転まで追従性が良くなる。これと合わせて、バルブスプリングのバネ定数をアップすることで、それほどフリクションを増やさずに7500rpmまでの追従性を確保している。

なお、バルブクリアランスの調整は0.02mm飛びに設定されている冠面厚さの違うバルブリフターを選定して行うようにしている。

2）音振対策

従来のベアリングビームからラダーフレームに変更することで、クランクシャフトのジャーナル軸支持剛性が大幅に向上した。ロアブロック自体の剛性やそれに取り付けられているオイルパンの剛性も向上して、クランクシャフトの回転による振動が抑え込まれている。これに、クランクシャフト自体の剛性の大幅向上との相乗作用で、本体振動は低いレベルに抑えられている。

このほか、板金製オイルパンロアの剛性アップ、ロッカーカバーやチェーンカバーなどアルミ製カバー類の剛性を向上させて、エンジン表面からの放射音を低減している。

3.5リッター仕様では、コンロッド延長によりサイドフォース低減も、結果的には本体振動を減らすことに寄与している。また、エンジン上面を覆うカバーは近接遮蔽板としての効果を持たせており、上面からの放射音を効果的に抑えている。

■高出力化のための技術

1）吸排気効率向上

エンジン出力はトルク×エンジン回転速度で定義される。つまり、高出力を実現する

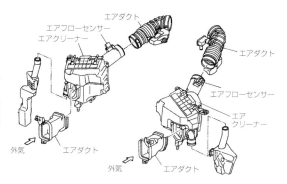

VQHRエンジンでは吸気ダクトの断面積を大きくかつ短くした。また、エアクリーナーからスロットルに至る吸気ダクトの曲がりを極力少なくすることで吸入抵抗を大幅に低減している。

ためには、燃焼室への空気の出し入れを効率良く高回転までできれば良いことになる。この定義にもとづき、まずは吸排気バルブ傘径を大きくして吸排気効率を上げている。それまでのエンジンではボア径とバルブ間に若干の寸法余裕があったので、それを使い切って、これ以上のバルブ傘径拡大はかえって逆効果になってしまうというところまで大きくしている。

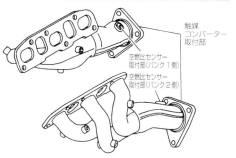

VQHRエンジンでは排気マニホールドのブランチ長さを等長化することで排気脈動を効果的に利用して排気を促進している。排気がスムーズに行われれば充填効率も向上する。

　HR型では、エアクリーナー〜吸気コレクター〜吸気バルブまでの吸気系を左右バンクで完全に独立させている。両バンクの吸気は対称の形状として、吸気コレクターからの吸気導入通路の曲がりを最小限に抑えて、そのままストレート吸気ポートまで導入している。これにより、吸入抵抗は−18％と大幅に低減されている。

　吸気、排気のバルブタイミングを可変にすることで、全体的な出力性能を上げることができるようになり、出力性能と排気性能との両立が容易になった。たとえば、従来では高速で吸気バルブタイミングを遅らせると、その跳ね返りでバルブオーバーラップが小さくなって出力アップの効果を減らしていたが、排気のバルブタイミングも一緒に遅らせることで、適切なバルブのオーバーラップを維持することができ、高出力を得られるようになっている。

　排気マニホールドの等長化および流れのスムーズ化は排気効率を向上させて燃焼室の充填効率を向上させるのに役立っている。

2）燃焼改善

　VQエンジンは大ボア径でありながら、コンパクトな燃焼室形状とエアロダイナミッ

クポートにして良好な燃焼を実現しているのが特徴だった。さらに、小型点火プラグの採用、シリンダーヘッド内の水流れ改善により燃焼室の冷却性を向上させて、燃焼室のメカニカルオクタン価を向上させている。

　その結果、これまで以上に高い圧縮比を実現している。微粒化燃料インジェクターの採用により、燃焼効率を改善している。気化せず液状で燃焼室に付着する燃料は燃焼に寄与しないので、燃料の微粒化は燃焼効率の向上には効果的なのである。高着火性イリジウムプラグや長放電イグニッションコイルの採用は、確実な着火により燃焼を安定させるのに役立っている。

3)フリクション低減

　コンロッド長さの延長は、燃焼圧によるピストンを押し下げる力のサイドフォース（シリンダーとピストンの摩擦力）にするぶんを減少させる。これは、とくに高回転になるほど効果がある。このサイドフォースがより強いスラスト側（膨張行程でサイドフォースを受ける側）のピストンスカート幅を大きくし、アンチスラスト側の幅を小さくすることでもフリクションを小さくしている。

■燃費向上のための技術

1)低フリクション化技術

　動弁系のフリクションは低速で相対的に大きくなるので（120頁の図参照）、燃費向上には効果が大きい。バルブリフターの冠面にDLC（Diamond Like Carbon）コーティングを採用してカム〜バルブリフター間のフリクションを40%低減させている。このDLCコーティングは、VQオリジナルで採用しているスーパーフィニッシュをさらに鏡面に近く仕上げたものである。

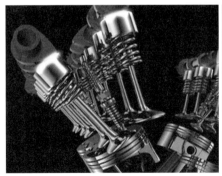

水素フリーDLCバルブリフターの採用で動弁系のフリクションを大幅に低減している。

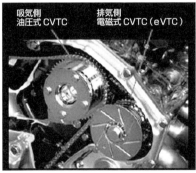

VQHRエンジンでは吸排気ともカムの位相を任意の位置に制御する連続可変バルブタイミングを採用して全運転領域におけるバルブタイミングの最適化を実現している。

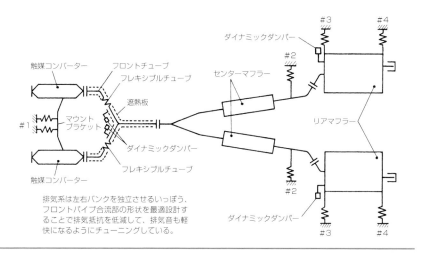

触媒コンバーター　フロントチューブ
フレキシブルチューブ
ダイナミックダンパー
センターマフラー
#3　#4
#2
マウントブラケット
#1
遮熱板
リアマフラー
ダイナミックダンパー
フレキシブルチューブ
触媒コンバーター
#2
ダイナミックダンパー
#3　#4

排気系は左右バンクを独立させるいっぽう、
フロントパイプ合流部の形状を最適設計す
ることで排気抵抗を低減して、排気音も軽
快になるようにチューニングしている。

　本体系では、ピストンリングの低張力化及びPVD処理によるフリクション低減が図られている。PVD処理は、ピストンリング表面に0.1mm程度のメッキのような皮膜を付けることで、フリクションを減らす技術である。高出力化技術で説明した非対称ピストンスカート形状採用は低速でのフリクション低減にも効果がある。

2）制御技術

　取り付け位置を見直してノッキング検出感度を上げたツインノックセンサーによるノック制御と、32ビット・マイコンによる高速演算処理で点火時期の制御性の向上が図られている。ノック制御は感度が甘いとエンジン破損の危険があり、かといって敏感すぎると点火時期がそのたびに遅れて、出力や燃費を悪化させるため、ノッキングする直前まで点火時期を進めることができる正確な制御が重要である。

3）実用燃費向上

　CVTC応答性向上によるパーシャル時の制御性向上、オルタネーター発電効率向上（加速時は発電をやめて減速時に発電させるなど）などで、実用燃費の向上が図られている。車両側ではブレーキの引きずり抵抗やハブの回転抵抗を減らすなど細かい改善の積み重ねなどで、車両としての実用燃費は10％以上向上させている。

■排気性能向上技術

　排気性能は大きく分けると、エンジンから出てくる排気そのものをきれいにする源流対策と、触媒などの後処理装置によりきれいにする後処理による浄化との二つの方法がある。昨今の厳しい排気規制をクリアするためには、この源流対策と後処理対策をうまく組み合わせて対応する必要がある。

V36スカイラインクーペに搭載されたVQ37VHRは排気量を3696ccとして吸気バルブリフト制御にVVELを採用している。

1）入口エミッション素質向上（源流対策）

エンジンから出す排気成分そのものをきれいにするため、燃料インジェクターを改良して燃料を微粒化し、燃えずにHCとして排出される量を減らしている。また、高着火性イリジウム点火プラグを採用して失火の可能性を最小限に抑えた。吸排気の可変バルブタイミングコントロールも出力、燃費、排気のベストポイントを狙ってカムタイミングを制御している。

2）後処理技術

触媒は左右バンクそれぞれ独立に配置しており、排気マニホールド直後とその下流の床下に配置されている。排気マニホールド直後に配置した触媒は担体を薄肉でつくるなど熱容量を大幅に小さくして、始動直後の昇温特性が改善されている。これにより、触媒の活性化を早めて排気を浄化する。床下触媒はA/Fセンサーを取り付けて、混合比をフィードバック制御して、始動直後から理論混合比で運転することで、三元触媒の転換性能をフルに活用するようにしている。

■音質向上のための技術

VQHRエンジンでは、排気の音質にも充分に気を遣った対策をしている。耳に心地よい音であればアクセルを踏んだときのレスポンスとして、むしろ排気音を静かにするよりもドライバーにとっては自然なのである。

ブランチ長さを揃えた等長排気マニホールド、マフラーまで完全に左右バンク対称な排気系を採用して濁った音質となるランブリングノイズを抑えて、心地よい排気音をつくり出すようにしている。

3.排気量アップのVQ37VHRの追加

VQ35HRをさらに排気量アップして高性能化したVQ37VHRエンジンが2007年10月にV36スカイラインクーペに搭載された。このVQ37VHRはストロークを4.6mmアップし

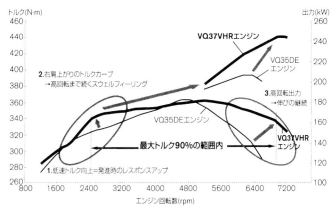

VVELの採用により低速トルクのアップと高回転域のトルクを向上させている。この結果、2400〜7000rpmまで最大トルクの90％を発揮する、きわめてフラットなトルク特性を実現させている。

て排気量を3696ccとして吸気バルブリフト制御にVVELを採用している。

　VVELを採用する代わりに従来の排気側eVTCは廃止している。これは吸排気オーバーラップの調整を吸気側VTCとこのVVELで調整することが可能であるという理由からだ。このVVELは基本的にBMWがすでに採用しているバルブトロニックと同等のコンセプトに基づくシステムで、シリンダー吸入空気量を従来のスロットルバルブから吸気バルブのリフト量により制御するものである。このシステムによりパーシャルの絞り損失が大幅に低減して実用燃費向上に大きく寄与している。

　VVELでは、吸気カムの作動角とバルブリフト量を運転状態に応じて最小値108度−1.3mmから最大値288度−12.3mmまで変化させている。最小値はアイドリング状態で、最大値は最高出力発生時に適用される。このVVELとCVTCシステムを組み合わせることで、全運転域で最適な吸気バルブタイミングになっている。

　排気バルブタイミングについてはバルブ作動

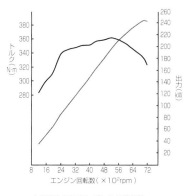

VQ37VHR エンジンの性能曲線。

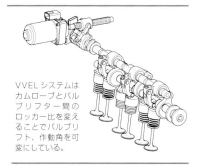

VVELシステムはカムローブとバルブリフター間のロッカー比を変えることでバルブリフト、作動角を可変にしている。

193

角256度－10.6mm固定としている。排気量アップとVVELの採用以外は基本的に
VQ35HRエンジンに準じて設計されている。

　VVELシステムは、カムローブとバルブリフターの間に配置したロッカーアームの
支点を可動式にしてロッカー比を変えることで、バルブリフトを変化させるという原
理を使っている。具体的にはロッカー比を変える機構がアウトプットカム揺動装置
で、コントロールシャフトを回転させて、変えている。コントロールシャフトは
VVELアクチュエーターモーターを回転させてボールスクリューシャフトに連結され
たボールスクリューナットの位置を変えることで作動角とリフトの制御をしている。

　ドライブシャフトは、従来のカムシャフトに相当するシャフトでエンジン回転速度
の1/2のスピードで等速に回転している。このシャフトと一体の偏心カムが回転すると
リンクAが偏心運動をする。ロッカーアームの位置が変わるとロッカー比が変化して
リンクBを通じて上下運動するアウトプットカムの振れ幅が変化するのである。

　ところで、VQ37VHRエンジンとVQ35HRエンジンの性能を見比べると、リッター
あたり出力、トルクはVVELを使っていないVQ35HRの方が高いのである。これで
は何のためにVVELを使ったのかと思う人もいるであろう。

　また、2000rpm以下のトルクがVQ35HRと変わらないのは、低速でのガス流動が悪
く、あまり燃焼効率が良くないことを示している。

　200ccの排気量拡大が図られたVQ37では、開発当初に目標性能を達成するために
VVELの採用を決めたのだが、開発途上でVVELなしでも充分目標性能を達成すること
がわかり、VVELの真価を発揮させるところまではファインチューニングされていな
いように見える。しかし、自然吸気エンジンで100ps/リッターを狙うのであれば、ポ
ンプ損失を少なくすることのできるVVELは、心強い味方となるシステムであるとい
える。

第8章 R35GT-R用VR38エンジンの登場

1. R35GT-Rに搭載するエンジンの選択

　R32以来、歴代GT-Rの前後車軸重量を比較してみると面白いことに気付く。おしなべて新型になるにしたがって車両重量は増加しているが、フロントの増加代に比べてリア側の増加代が大きくなっている。フロントエンジンでリア駆動の場合、車両前後軸重量配分はなるべく50：50に近づけたいのである。これは旋回中の前後タイヤの荷重分担はもとより、加減速においてもこのような重量配分が望ましい。ブレーキング時はフロントに荷重が寄るので、あまりフロント荷重が大きいと、前輪のブレーキ負担が大きくなって制動距離が伸びるし、加速時はリアの荷重が充分に乗らずにタイヤのグリップが不足する。

　GT-Rは四輪駆動ではあるが、通常走行時はリアの二輪駆動であり、基本的なシャシー特性はFRである。歴代のGT-Rはいかにリア側に重量を載せるか、いい換えればフロントの荷重を減らすことに腐心してきたのである。

　R32スカイラインGT-Rから採用しているアルミ製ボンネットは、フロント軽量化の代表的な例である。R32からR34までは直列6気筒のRB26DETTエンジンを採用してきて

先代のR34GT-Rが生産中止されてから5年の歳月を経て発表された新型R35GT-R。スカイラインから分離して日産GT-Rと名付けられている。

おり、基本のエンジンがかなり重いうえに、大型インタークーラーやツインターボに絡む配管などでエンジン重量は255kgに達しており、フロントヘビーになる要素を持っていた。それに加えて、トランスファーやフロントデフが前輪まわりに配置されるので、いくら努力してもフロント加重分担は56％に抑えるのが精いっぱいだったのである。

　スカイラインを名乗らず、日産GT-Rという名称のR35を企画するにあたり、日産のスポーツカーとしての目標性能設定より、480psという目標最高出力が定められた。そのパワーをフルに生かす運動性能を考慮してフロントの加重分担は52％程度が目標となった。当初の車両重量目標値はR34＋100kgの1700kg前後だったので、フロント加重分担52％で計算すると884kgとなる。R34のフロント軸加重が880kgであり、この重量程度に抑える必要があった。

　しかし、R35車両目標性能の高さを考慮すれば、フロントサスペンションメンバーやブレーキその他の強化、フロントデフの大型化、安全対策などによりプラス100kg程度、つまりフロント分担は1トン近くになる計算になったはずだ。ここから100kgを減らすのは、小手先の技術ではできるものではなかった。そこで、劇的に軽くする手段として選択したのは、RBエンジンに代わる軽量なV型6気筒エンジンの採用、それにトランスアクスル方式の採用であった。この手段によりフロント荷重は940kgに収めることができたのである。

　エンジンはV型6気筒ターボ以外にV型8気筒の採用も検討されたが、日産の手持ちのVKベースで480psを達成するにはかなりな改良を加えなくてはならず、そのための投資も大きくならざるを得ないので、V型8気筒は選択肢から外された。

　目標性能を480psに置いた場合、V型6気筒ターボであれば3.5～4リッター、V型8気筒NAであれば5～5.5リッターほどの排気量が必要となる。

　V型6気筒の場合、VQエンジンをベースに排気量アップ＋高性能化技術を付加すれば、この目標を達成する目処が立てられるだろう。

　V型8気筒NAの場合、ベースとなるエンジンのVK50VEエンジンはVQ37HRと同様のVVELシステムを採用しており、2008年時点では最高水準の技術が投入されて、出力は390psである。排気量をこのまま据え置いて出力の大幅な性能向上は現実的にむずかしい。となれば、目標の480psを達成するためには排気量を23％上げる必要がある。つまり、6リッタークラスの排気量が必要となる。だからといって、VKエンジンのボアピッチは112mmでVK50VEのボア径98mmを大幅に増やすことは無理な相談である。ストロークを延ばして排気量を稼ごうとすると、ストロークは100mm近くになり、高回転化対応が苦しくなって、やはり480psの達成はむずかしい。

　出力を達成する目処が付いたと仮定して音振面について検討してみよう。

R35GT-R搭載のVR38エンジン。左右バンクが完全に独立した吸気系レイアウトを持つ。エンジン正面に置かれたインタークーラーの横にあるのは空冷オイルクーラー。

V型8気筒であれば振動面からクランクシャフトのピン配置は2プレーンとするのが常識的である。もし直列4気筒のような1プレーン配置にすると慣性2次加振力も直列4気筒並以上に発生して強烈な上下振動が発生する。

いっぽう、点火順序でみると2プレーン配置では片バンクごとの点火が等間隔にならずに排気抵抗による出力ロスが発生する。1プレーン配置は振動的には不利ではあるが出力的に有利なため日産のグループCカー搭載のVRH35Zを始めとするレース用ではこの方式を採用するのが常識になっている。GT-Rの場合は出力的には1プレーンにしたいところであるが、実用性を考えると2プレーンに落ち着くことになるであろう。このようにV型8気筒は出力と音振を両立させるのが難しい面を持っている。

V型8気筒で可能性がないとすると、それ以上の気筒数を検討することになる。5リッター前後で480psレベルの出力を発生するエンジンを探すと、BMW M5用5リッターV型10気筒エンジンがあり、これは507psでほぼ同じように要求を満たしている。しかし、このエンジンはV型8気筒から2気筒増やしてV型10気筒としたうえで1気筒あたりの排気量を減らし、しかも最高許容回転速度8250rpmという超高回転型である。バンク角を72°にしてクランクピンオフセットなしで等間隔燃焼を実現している。1969年の初代スカイラインGT-R用直列6気筒のS20型エンジンを彷彿させるような専用の高性能スペックである。

BMWはF1の技術を応用したといっているが、それもあながちうそではないと思わせる迫力があるエンジンである。このくらい徹底したエンジンにすればGT-R用として相応しいものになるが、これでは設計開発工数が多大となり、GT-Rのような、年間生

RB型エンジン搭載スカイラインの主要諸元

	全幅/全長	ホイールベース/全長	kg/ps	kg/kgm	ホイールベース(mm)	前輪軸荷重(kg)	後輪軸荷重(kg)	前輪軸重量配分(%)	車両重量(kg)	最高出力(ps)	最大トルク(kgm)	エンジン重量(kg)
R35	0.407	0.597	3.63	29.0	2780	940	800	54.0	1740	480	60	**215
R34GT-R	0.388	0.577	4.95	38.5	2665	880	680	56.4	1560	*315	40	255
R33GT-R	0.381	0.582	5.02	40.8	2720	880	650	57.5	1530	*305	37.5	255
R32GT-R	0.386	0.575	4.69	39.7	2615	850	580	59.4	1430	*305	36	255

* 出力は実力値を採用した。** VR38DETTの重量は推定値。エンジン重量はオイルクーラー、インタークーラーを含む

産10000台規模の少量生産で800万円程度で販売する車両としては、設備投資も含めて、とても割に合わないものとなる。

　GT-Rには、このようにコストを度外視したエンジンが似合うと思う人がいるかもしれないが、現代のGT-Rはイメージリーダーカーであっても、そのために採算を度外視した計画を立てるのは、現状では実現性は薄く現実的ではない。

　R32GT-Rを企画したときも、直列6気筒ターボかV型8気筒（VH45DE）かで比較検討し議論が戦わされた。

　R32のときはグループA規則内でのチューンナップポテンシャルとして、600psにする素質があること、さらに車両パッケージ、基準車とのエンジンルームパッケージ及びR32としてのエンジンシリーズの共通性を考慮して直列6気筒ターボが選択された。VH45DEは高級車用に設計されたエンジンで、必ずしもモータースポーツに向いているとはいえなかったのも重要な要素であった。

BMW M5用5リッターV型10気筒エンジン。507psを発生するエンジンは、V型8気筒をベースにV型10気筒としたうえ1気筒あたりの排気量を減らし、最高許容回転速度8250rpmという超高回転型である。

　R35GT-Rの場合、VQエンジンをベースとしてV型6気筒ターボを選択することになった。しかし、この選択にもやっかいな問題があった。それは排気対策だ。始動直後の排気温度が高ければ高いほど未燃HCの排出量が減少するから、現代の厳しい排気規制をクリアするためには、冷機時の排気昇温を早めることが不可欠な要素である。しかし、ターボ仕様では排気がターボを通過した後に触媒に入るため、NA仕様よりも排気温度が下がってしまう。これがターボ仕様の大きな問題点で、ま

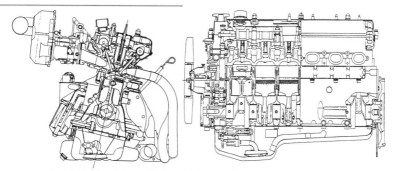

S20型エンジン。初代スカイラインGT-R（PGC10）に搭載されたDOHC4バルブエンジン。1969年という早い段階で登場、国内ツーリングカーレースで伝説に残る50勝を記録している。

さにこの問題のためにVG30DETTエンジン搭載Z32フェアレディも、北米での販売を休止したのだ。

　R35GT-Rでは、始動直後は点火時期リタードと排気に2次空気を送ることで排気を昇温させて、この問題をクリアしている。要は未燃ガスを触媒上流で再燃焼させるわけだ。冷機時の燃費悪化とシステムコストがかかるというマイナスが生じるが、それはターボによる出力アップの代償と割り切って考えるべき問題であろう。

2. GT-R用VR型エンジンの構造

　GT-R用のVR38エンジンは、大改良を受けたVQ37VHRエンジンをベースに、さらに高性能化を図ったエンジンである。ボアピッチやデッキ高さはVQエンジンと共通で、ボア径も共通の95.5mmであることから、通常であればVQファミリーを名乗るはずのエンジンである。

　しかし、あえて別の名称のエンジンにしたのは、GT-Rに搭載されたエンジンの歴史を振り返ってみればよくわかることだ。

　初代GT-R（PGC10型）は他のスカイラインとは別のS20という直列6気筒DOHC24バルブエンジンを採用している。このエンジンはプロトタイプレーシングカーであるR380

歴代GT-R用エンジン主要諸元

車両	2代目スカイラインS50（スカイライン2000GT）		3代目スカイライン（箱スカ）C10	
標準車/高性能仕様	標準車 S50D-1	GT S54B-Ⅱ	標準車 GT	PGC10GT-R
エンジン形式	直列4気筒(G1)	直列6気筒(G7)	直列6気筒(L20A)	直列6気筒(S20)
動弁形式	OHV2バルブ	SOHC2バルブ	SOHC2バルブ	DOHC4バルブ
排気量(cc)	1484	1988	1998	1990
圧縮比	8.3	9.3	8.6	9.5
燃料供給	シングルキャブ	ウェーバー3連	シングルキャブ	ソレックス3連
ターボ	なし	なし	なし	なし
最高出力(kW/rpm)	*70/4800	*125/5600	*105/5200	*160/7000
最大トルク(Nm/rpm)	*11.5/3600	*17.0/4400	*16.0/3600	*18.0/5600
標準車に対するエンジンの特徴	気筒数及び排気量アップ、高性能キャブレター		専用の高性能DOHC4バルブエンジン	
車両	8代目スカイラインR32		12代目スカイライン及びGT-R	
標準車/高性能仕様	標準車 GTS-t	R32GT-R	標準車 CV36	R35GT-R
エンジン形式	直列6気筒	直列6気筒	V型6気筒	V型6気筒
動弁形式	DOHC4バルブ	DOHC4バルブ	DOHC4バルブ	DOHC4バルブ
排気量(cc)	1998	2568	3696	3799
圧縮比	8.5	8.5	11.0	9.0
燃料供給	ECCS-MPI	ECCS-MPI	ECCS-MPI	ECCS-MPI
ターボ	1ターボ	2ターボ	なし	2ターボ
最高出力(kW/rpm)	**215/6400	**305/6800	245/7000	353/6400
最大トルク(Nm/rpm)	**27.0/3200	**36.0/4400	363/4800	588/3200
標準車に対するエンジンの特徴	専用の排気量アップエンジン＋ツインターボ		専用の排気量アップエンジン＋ツインターボ	

＊　グロス値で単位はPS＆kgm、＊＊　ネット値で単位はPS＆kgm、無印はSI仕様値

日産高性能6気筒エンジンの比較

項目＼エンジン	RB26	VR38	VQ37VHR
エンジン形式	直列6気筒	60°V型6気筒	60°V型6気筒
総排気量(cc)	2568	3799	3696
ボア・ストローク	86.0×73.7	95.5×88.4	95.5×86.0
圧縮比	8.5	9.0	11.0
過給器	並列ツインターボ	←	―
最高出力(ps/rpm)	280(315)/6800	480/6400	333/7000
最大トルク(kgm/rpm)	40.0/4400	60.0/3200	37.0/5200
比出力(ps/rpm)	109(122.7)	126.3	90.1
比トルク(kgm/rpm)	15.6	15.8	10.0
ストローク・ボア比(S/B)	0.86	0.93	0.90

RB26の（ ）内の最高出力は開発実力値を示す

搭載のGR-8のデチューン版といわれているが、直列6気筒DOHC24バルブということ以外に共通点はない。同じ2リッターの2000GT用エンジンより出力は50％増であった。

そして、その16年後に登場した2代目となるR32GT-R（S20型エンジン搭載のケンメリスカイラインGT-Rも少量生産されたが、これは数に入れないものとする）搭載のエンジンは他のスカイラインシリーズと共通のRBエンジンを名乗ったが、排気量は新しく設定されており、構造は他のRBエンジンをベースにしながらも設計を新たにして高性能に対応した。

本体系、主運動部品、吸排気系を中心に600psに対応するポテンシャルを持たせているのである。標準のGTS-tに対して同じ直列6気筒で排気量は30％増、出力は40％増であった。

3代目、4代目であるR33、R34型はR32の延長上の進化系であることを考慮すれば、VR38エンジンを搭載するR35型は実質的には3世代目のGT-Rといえるであろう。R35GT-Rは標準のV36スカイラインクーペに対して同じV型6気筒で排気量は100cc増、出力は44％増である。標準車に対する出力アップ代はほぼ従来の数値を踏襲しているのがわかる。

このVR38エンジンではライナーレスシリンダーブロック、セミドライサンプシステムなど意欲的な技術を採用しているが、初代や2代目GT-Rに搭載されたエンジンに比べると、GT-R用エンジンとしてのインパクトが若干薄いと感じたためか、あえて専用の新エンジンを印象付けるために形式名を変えたのであろう。

R35のコンセプトは「だれでも、いつでも、どこでも快適に速く走る」ということであり、初代及びR32GT-Rの大きな狙いであったツーリングカーレース制覇という、レースと関係づけられたクルマとは開発コンセプトで違いがある。

これはR33からR34まで続いたスカイラインGT-Rでも同様であったが、現代においてはストックに近い状態でレースに臨むという時代ではなくなっていることが反映している。日本の事実上のトップカテゴリーであるGTレースの規則を見てわかるとおり、生産車に対して大幅な改造が許されており、エンジンさえ交換が自由なのである。現に日産のZも2007年シーズンからはV型8気筒エンジンを採用しているし、R35も同様にV型8気筒を搭載して2008年シーズンから参戦した。

　クルマのコンセプトがこのように変化するなかで、エンジンコンセプトも変わってきて当然なのだ。

■VRエンジン仕様の決定

　基本コンセプトの要件となる主要性能は、エンジンのパッケージサイズ、重量、最高出力、最大トルクなどである。VR38エンジンに要求されたのは適度なパッケージサイズ、重量とレスポンス性能であることが見て取れる。決してハイチューンなエンジンとはなっていない。同じGT-RであるR34搭載のRB26DETTエンジンとスペックを比較すると良くわかる。

　リッターあたりの出力、トルクで比較すると、ほぼ同等である。その代わり、その発生回転速度はそれぞれRB26DETTより400rpm、1200rpm低くなっている。R35GT-Rコンセプトである「だれでもいつでもどこでも」を忠実に表現するためのエンジンなのである。しかし、新型R35がGT-Rと名乗るかぎりは、V35型スカイラインと同じVQという形式ではインパクトが小さいこともあって、VRエンジンという形式名にして100cc排気量を上げたのであろう。

　しかし、その排気量アップに当たってボア径ではなくストロークを上げたところに、その意図するところが感じられる。あくまでも排気量アップは、高回転化による出力アップではなく、扱いやすさの向上に使われているのである。

　扱いやすさとは具体的には、アクセル開度に対してドライバーがリニアな出力発生を感じることができるということだ。ドライバーが少しアクセルを踏み増したとき、ターボが効く前でも充分にトルクがあることを感じられる必要がある。そのためにはNAトルクゾーンのトルクを充分に上げておくことが重要になる。そのために、あえてストロークを伸ばした排気量アップを行っているわけだ。

　VR38エンジンの開発では、もはやレース用に改造したときのポテンシャルというこ

VR38エンジン主要諸元

エンジン	VR38DETT
エンジン形式	V型6気筒DOHC24バルブ
排気量(cc)	3,799
ボア・ストローク(mm)	95.5×88.4
圧縮比	9.0
バルブ	直動式
吸気バルブリフト量(mm)	9.2
排気バルブリフト量(mm)	9.5
可変バルブタイミング(VTC)	吸気側のみ
最高出力	353kW/6400rpm
最大トルク	588Nm/3200-5200rpm
排気浄化レベル	＊H17-3☆

※平成17年基準排出ガス50%低減レベル（U-LEV）認定。

ベンチテスト中のVR38エンジン。

とを考えに入れる必要はない
から、VR38エンジンは、レー
スの呪縛からは解き放たれた
開発となっている。

エンジンはレスポンス良
く、小さく、軽くすることが
求められる。パワートレーン
レイアウトが、FRベースの

R35GT-Rのドライブトレーンと吸排気系の取りまわし。

4WDというところまではR34GT-Rと同じであるが、前後重量配分のバランスを取り、
Z軸まわりの慣性モーメントを減らして回頭性向上のためにトランスアクスル方式を
採用したことが大きな違いである。

FRベースの4WDでトランスアクスル方式を採用するのは、エンジン→トランスアク
スルとトランスアクスル→フロントデフ用に2本のプロペラシャフトが必要である。
そして、エンジン→トランスアクスル用のプロペラシャフトは、常にエンジンと同じ
高速でまわっているのだ。重心近くとはいえ、1本余分なプロペラシャフトを抱え込
んでまで前後重量配分、Z軸まわりの慣性モーメントを改善しようと考えれば、エン
ジンには極力軽量コンパクトさ(とくに全長短縮)を要求するのは必然である。そし
て、目標ウェイトパワーレシオが4kg/psであれば、1740kgの車重に対して435psが必要
になる。実際にはより現実的な二人乗車+満タンで4kg/psを想定して480psを目標性能
として開発が進められたのであろう。

トランスアクスル方式を採用するにあたり、開発担当はトルクチューブ方式を検討
したが音振の面から採用を諦めたといっている。これは当然だろう。トルクチューブ
方式はエンジンとトランスアクスルがトルクチューブを介して剛結されるので、固有
値は必然的に低くなってしまい、共振点が実用回転域に出るという振動問題がともな
うからである。

こうした要求性能を受けてエンジン設計としては、3.5~4リッタークラスのV型6気
筒ターボか5~5.5リッタークラスのV型8気筒NAしかないと考えた。

ターボエンジンになるとトルク特性に若干の難点はあるが、これは排気量を上げる
ことである程度カバーすることはできる。いっぽうで、パッケージ、重量面では当然
V型8気筒NAよりもV型6気筒+ターボのほうが圧倒的に有利である。

また、すでに述べたとおりVKエンジンベースのV型8気筒では480psを達成するのは
かなりむずかしい。これらの得失を比較してみて、それほどの問題もなくV型6気筒
ターボに落ち着いたと思われる。

それでは、ベースとなったVQ37VHRと比較しながらVR38エンジンの特徴を見てい

くことにしよう。

■シリンダーブロックの構造

まずシリンダーブロックは60°V型、ラダービーム構造、ボアピッチ108mm、デッキ高さ223.4mmというところまではVQエンジンと共通である。大きく違うのはシリンダーライナーの有無と鋳造方式である。

VR38エンジンはライナーレス構造で、アルミのシリンダー表面にプラズマを熱源として低炭素鋼を溶射して0.2mm程度の薄い鉄皮膜のライナー面を形成している。アルミのピストンとアルミのシリンダーを直接摺動させると焼き付いてしまうのである。

VQエンジンが鋳鉄シリンダーライナー鋳込みのオープンデッキタイプであるのに対して、VRエンジンはライナーレスのクローズドデッキタイプを採用している。シリンダーブロックのトップ面(シリンダーヘッドと合わさる面)の水ジャケットが開いているオープンデッキタイプは、水中子不要で、プレッシャーダイキャスト製法により生産性が高い。それに対して、クローズドデッキは中子を使うため重力鋳造方式をとる必要があり、生産性はプレッシャーダイキャストに劣る。しかし、シリンダーヘッドとのジョイント面の面剛性に優れるためガスシールなどの信頼性が高い。

右がVRエンジンライナーレスシリンダー。左は従来の鋳鉄ライナー鋳包み仕様。

ボアピッチ108mmでボア径95.5mmということは、ボア間の肉厚は12.5mmになる。しかし、VQ37VHRの場合、厚さ2.6mmの鋳鉄シリンダーライナーが鋳込まれるので実質の肉厚は7.3mmとなっており、ここに水通路を通すことは不可能だ。そのため、アッパーデッキ付近に水通路のた

ラダーフレームの下側はアルミダイキャストで、ベアリング部に鋳鉄が鋳包まれているのがわかる。

アルミ鋳造製シリンダーブロックはフロント部にウォーターポンプが取り付けられ、バンク間の通路を通って両バンクの各シリンダーを冷却する。

マグネシウム製カムカバー採用によりアル
ミ製に対して重量を約2/3に低減した。

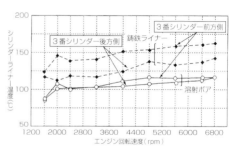

従来の鋳鉄ライナーではシリンダー前後で温度差が大きく、
全体的に高い。溶射ボアでは均一に温度が低くなっている。

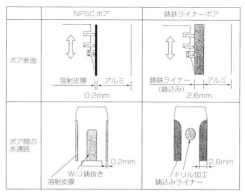

鋳鉄ライナーではボア間の水通路を充分に確保できないが、溶射ボ
アではウォータージャケットを充分に確保して均等に冷却できる。

めの直径2〜3mm程度のドリル穴を開けてボア間温度を数10℃下げることを可能にしている。しかし、ドリル穴で局部的な温度上昇を抑えることはできても、ボア全体を均一に冷却することはさすがにむずかしい。ボア周上の温度不均一はボアの真円度を悪化させるので、フリクションやガスシール性などの面から見て好ましくない。

　燃焼により発生する熱量の約80%はシリンダーヘッドから放出され、残りの約20%がピストンリングを介してボアから冷却水に放熱される。したがって、ボアの冷却はそれほど多くは必要としないが、ボア温度を均一にすることが重要なのである。

　VR38型では同じボア径95.5mmではあるが、ライナーレスであるためボア間肉厚は12.5mm確保でき、これならば充分にフルジャケット化できる寸法となっている。

プラズマガン

アルミの表面に低炭素鋼の皮膜（約0.15mm）をプラズマコーティングしている。このプラズマスプレーコーティング(NPSC)技術により、ライナー厚さを0.2mmにすることができ、ボア周りに全周にわたって冷却水通路を設定することができた。ボアの温度を均一にできるためボア変形が少なくなりフリクション低減、オイル消費低減が実現された。また、ボア温度全体を20〜50℃低減できるのでノック特性が改善されて燃費向上が実現されている。

VRエンジン高横G下でのオイル回収。サーキットなどでは旋回横Gが1.6Gに達するので遠心力が重力に打ち勝ってオイルはシリンダーヘッドから落ちなくなり油圧低下を起こす。オイル通路を左右バンク独立にオイルパンまで設けることでこれを解決した。

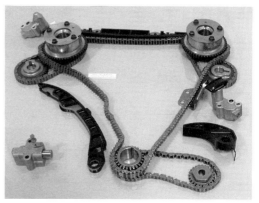

動弁駆動系部品。クランク軸よりサイレントチェーンで両バンクの吸気カムを駆動、さらに吸気カムから排気カムを駆動している。クランク軸からは別のチェーンでオイルポンプを駆動。

　ボア温度を均一にできればその分だけノック限界が向上するのでアクセル全開時の点火進角を進めることができる。点火進角を進められれば熱効率が向上するので燃費、出力ともに向上できるのである。実際に点火進角で2〜4deg、燃費で最大50g/kWhの改善を得ている。

　鋳鉄ライナーを鋳込まないぶん、重量も軽量化できる。実際、VR38はVR37VHRに対して6気筒ぶんで2.8kg軽くなっている。このシリンダーブロックの構造変更は大幅なもので、主寸は同じで形も似ているが、まったく新たな設計といってもよいであろう。それゆえにVRという新しいエンジン形式に変更したのであろう。

■ 主運動系

　クランクシャフトはVQ37VHR用をベースにストロークを2.4mmだけ延長している。ピン、ジャーナルの両方にフィレットロールをかけていることやスチール製ツイスト

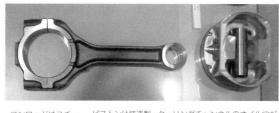

コンロッドはスチール鍛造製でキャップ位置決めが不要の「かち割り」タイプ。

ピストンは鋳造製。クーリングチャンネルのオイル穴が見える。片側の穴からオイルを入れて、逆側にある穴から出るまでにトップリング溝を冷却する。ピストン冠面はわずかな凹みとバルブリセスが付けられている。

鍛造製法でつくられている点などはVQ37と同様である。

コンロッドはスチールの鍛造製でかち割りタイプである点はVQ37VHRと同様。ストロークを伸ばしたのに対応してコンロッドのセンターディスタンスは1.2mmだけ縮められている。I断面はターボ化によるトルク増強に合わせて強化されている。

ピストンは基本構造はRB26DETTと同じアルミ鋳造のクーリングチャンネル内蔵タイプとしている。ピストンの側面はモリブデンコートが施されて摺動フリクションを減らしている。

クランクシャフトはスチール製でVQエンジンから採用されたツイスト鍛造製法でつくられる。ピンとジャーナル軸受けの両側の凹みはフィレットロール。

■シリンダーヘッド・動弁系

カムシャフト駆動はVQと共通でサイレントチェーンを使用、まず左右バンクの吸気カムを駆動し、そのチェーンの奥に配されたカム間のチェーンで排気カムを駆動するという構造だ。吸気カムを駆動するチェーンで水ポンプを駆動する構造も、VQと共通である。吸気カムの位相を連続的に変化させるVTCを内蔵する構造もVQと共通だが、VQ37VHRがVVEL（可変動弁システム）を与えられているのに対して、VR38はこの機構が採用されていない。

日産のVVELはBMWが採用しているバルブトロニック同様、シリンダーに取り入れる吸気量をスロットルバルブに替わって吸気バルブのリフト量で制御しようという原理を使っているが、ターボチャージャーの場合、同じ吸気バルブリフト量でもブースト圧によって吸入空気量が変わってしまうため、あえてターボとバルブトロニックを組み合わせた仕様はつくられていない。日産も同様の理由で、VR38にVVELを採用していない。

点火プラグは通常よりも一まわりスリムな高着火性イリジウムプラグを採用している。

ヘッドボルトとオイルジェット。オイルジェットからピストンのクーリングチャンネルに向けてオイルを噴出する。オイルジェットには2本の噴出口があり両バンクにオイルを供給している。

シリンダーヘッド（右バンク）と動弁系の部品。カムローブのベースサークル部を狭くしてフリクションを下げている。

吸排気バルブとバルブスプリング。バルブスプリングはVQ系と同様シングルスプリング。

ペントルーフ燃焼室。ひとまわり細い点火プラグを使用してバルブとの隙間を広く取れている。バルブシート周りは充分なチャンファー加工によりマスキングによるチョークを避けている。

　吸気関係の可変システムは上記の連続可変吸気カムシャフト位相制御だけで、可変吸気システムは採用していない。比較的排気量に余裕がありターボ付きのためその必要がなかったためだ。

■排気系部品（排気マニホールド、ターボチャージャー）

　V型6気筒ツインターボであれば、左右バンクに1個ずつターボを配置するのが最も

コンパクトで合理的なレイアウトで、VR38もこのレイアウトを採用している。しかし、ターボ付きのエンジンでやっかいなのが、冷機始動後の排気温度上昇の遅さだ。

　VR38エンジンでは、この排気温度の急速昇温対策で冷機始動時の排気バイパスも検討されたが、これだけで充分な排気温度上昇を得ることはできず、通常のレイアウト＋2次空気システムで、この問題が解決されている。しかし、排気通路のヒートマスを

吸気マニホールドとコレクターは左右バンク独立している。

極力小さくする努力は冷機始動時の排気温上昇に対して非常に効果的であり、そのために以下のような手が打たれている。

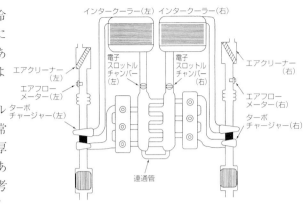

ターボチャージャのタービンハウジングは排気マニホールドと一体に成形されており、スムーズな排気の流れと熱容量減少を実現している。

まずは排気マニホールドの薄肉化である。通常の鋳造の場合、基準肉厚は3.5mm程度が標準的である。中子の偏りなどを考慮すると、中央値に対して1mm程度の偏肉が発生するので、最低で2.5mmの肉厚を保証しようとすると、基準肉厚は3.5mmになる。しかし、このVR38エンジンで基準肉厚2.5mmを実現しているのは、中子のセット位置精度を従来以上に正確にして、偏肉を0.5mm以下に抑えることができたからだ。

もう一つの新しい試みは、タービンハウジング一体型排気マニホールドの採用である。排気マニホールドとタービンハウジングが別体であるとどうしても大きくなるし、それぞれにフランジが必要なのでヒートマスが増えてしまう。

これを避けるために、排気マニホールドの入口からタービン入口までの距離を縮め、一体化により余分な質量を減らすことで排気の持つ熱を奪う量を最小限に抑えている。これにより、22%の軽量化を実現し、冷機始動15秒後の排気温上昇で40℃の効果を得ている。

ターボの効率を考えた場合にも、ヒートマスが小さいことが望ましい。とくにレスポンス面ではヒートマスの減少が効果的なのは、排気のエネルギーをタービンの回転エネルギーにダイレクトに変換できるからだ。

最高許容排気温度が高ければ高いほど混合比を出力混合比、あるいは理論混合比で運転する自由度を増すことができる。VR38では、ステンレス鋳鋼製の排気マニホールドの採用により排気温度が1000℃まで対応できるようになっており、最高出力発生時はほぼ出力混合比で、発生トルク400Nm以下では理論

排気マニホールド一体ターボチャージャー（右バンク）。鋳鋼製等長排気マニホールドの形状がよくわかる。

混合比で運転されている。ちなみに、ステンレス鋳鋼はすでにRB26DETTで使用実績があり、このときは970℃を設計温度としていた。

　排気マニホールドとともに重要なのが排気タービンの耐熱温度である。VR38では、高性能エンジンの定番ともいえるインコネル材を採用して1000℃の排気温度を保証している。従来使っていたセラミックタービンは採用が見送られている。これはR35は全世界をマーケットにしていることから、まずは信頼性を重視したこと、従来型のRB26DETTよりも排気量が大きい(約1.5倍)ためセラミックローターを使わなくても、レスポンス目標をクリアする目処がついたことによるという。

■オイルポンプの構造

　VR38エンジンが採用している潤滑システムは、セミドライサンプといえるシステムである。VQ型エンジンでは、クランクシャフトフロント軸直結のギアポンプを一貫して採用してきている。しかし、VR38型では、これに替えてトロコイド型オイルポンプをオイルパン内に置いて、クランクシャフトからチェーン駆動している。

　このトロコイドポンプに並列にスカベンジポンプが配されている。スカベンジポンプはターボチャージャーを潤滑したオイルを強制的にオイルパン内に戻す役割を果たしている。GT-Rは旋回時の横Gが1.6Gに達し、それが7秒続いてもオイルがきっちりリターンするために採用されたセミドライサンプシステムである。

　ターボチャージャーを潤滑したオイルは、通常重力加速度で自然にドレーンされるが、高速コーナリングで高い横Gを連続して受けると、オイルがドレーンパイプを逆流してターボチャージャー内に留まってしまう。そうすると、ベアリング部からオイルが排気に混じって燃えて白煙を吐くことになってしまう。

　ちなみに、レース用エンジン及び一部の高性能エンジン(アウディRS6のV型10気筒など)では、オイルパンはオイル溜めではなく、回収されたオイルはスカベンジポンプにより速やかにオイルタンクに送られ、オイルタンクに溜められたオイルは、オイルポンプでエンジン各部に圧送される。つまり、オイルパンに戻ってきたオイルを強制的に吸い出して、オイルタンクに溜めてオイルパンにはオイルが溜まらないようにしているわけだ。

　このようなドライサンプシステムを

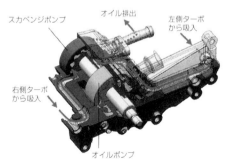

VRエンジンセミドライサンプシステム。左右バンクのターボからのオイル回収専用オイルポンプを設けた。高横G下では重力によるオイル回収が期待できないのでスカベンジポンプで強制的にオイルを吸い出している。

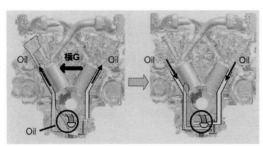

高い横Gがかかったときのオイル回収。サーキットなどでは旋回横Gが1.6Gに達するので遠心力が重力に打ち勝ってオイルはシリンダーヘッドから落ちなくなり油圧低下を起こす。オイル通路を左右バンク独立にオイルパンまで設けることでこれを解決した。

レース用エンジンが採用している理由は、大きな前後左右Gに関わらず、安定的にオイルを供給する必要があることのほかに、油面の変動によりクランクのカウンターウェイトやコンロッドが油面を叩いてフリクションロスが発生することを防ぐことができるからだ。また、2000年前後からは、さらにクランクケース内を負圧にして、主運動部品が空気との摩擦によるフリクションをも防ぐようにしている。

　ドライサンプシステムはオイルをスカベンジポンプで強制回収するので、走行条件によらず油圧低下を起こさない。また、オイルパンがないので、クランクシャフトなどでオイルをたたく心配がなく、フリクションを下げることができる。しかし、回収したオイルを溜めておくオイルタンクが必要であり、スカベンジポンプは空気とともにオイルを吸い出すので、オイルの劣化が大きいなどの欠点がある。

　VR38エンジンのシステムをセミドライサンプと呼んだのは、一般のエンジンが採用しているオイルパンにオイルを溜めるシステムとレース用のドライサンプの中間的ともいえるシステムを取っているからだ。つまり、オイルパンを持ちながらスカベンジポンプで一部のオイル（ターボ潤滑分）を強制回収しているのである。

■ＶＲ38エンジンの特性

　エンジンのトルクカーブをみて気付くのは、最大トルクが588Nmで3200～5200rpmのあいだがフラットな特性になっていることだ。偶然このような特性になったのではなく、明らかに駆動系、つまりトランスミッションやトランスファーの許容トルクを考慮して、それ以上のトルクにならないように抑えていると考えられる。エンジンのポテンシャルは優に700Nmを超えるものを持っているはずで、過給圧の電子制御により最大トルクを588Nmに抑え込んでいるのである。

　VR38エンジンの圧縮比は9.0となっている。最新のポルシェやBMWなど欧州メーカーの直噴ターボエンジンの圧縮比が10を越えていることを考えると、低めの圧縮比に抑えられているものの、これはリッターあたりの出力、トルクを稼ぐための設定だからである。目標最高出力の設定を400ps程度まで下げれば圧縮比を10.5程度まで上げることは可能であろう。

　VR38エンジンは今後どのような進化が考えられるだろうか。

　優先課題は理論熱効率の向上、つまり圧縮比のアップだ。そのためには、筒内噴射との組み合わせが最も効率的となる。低速高負荷のノッキング対策は吸気カムタイミングによる充填効率の調整によるミラーサイクル効果を使い、高速高負荷は直噴によるメカニカルオクタン価向上により圧縮比10.5程度までは上げることができる。こうすることで、NAエンジンに比肩する燃費を実現できる。VVELとターボの組み合わせは制御がむずかしいので、当面は実現しないであろう。

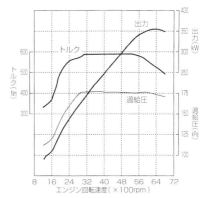

VR38エンジン性能曲線。電子制御によりきわめてフラットな過給圧制御を実現し、3200〜5200rpmの間、588Nmの最大トルクを維持している。(過大トルクによるトランスミッション破損を防止している)

　ターボのレスポンス向上は常に念頭に置く必要がある。当面できる手段はタービン側の可変ジオメトリー化であろう。

　燃焼制御では各回転速度の最大トルク発生時のLMBT制御、最大トルクの90%以下でのストイキ燃焼による燃費向上が課題となるであろう。

■最後に

　VQエンジンは1989年に開発が始められて1994年に生産が開始された。新開発のエンジンの寿命は普通10年といわれ、このエンジンも当初はそのつもりで考えられていたが、実際のところ大幅に手が入れられたのは2006年のHR型になったときである。したがって、生産開始から13年間は当初の設計を守ってきたことになる。もちろん、このあいだにも筒内噴射仕様を追加したり排気量アップなどを行って商品力の強化が図られているが、第2章で見たようにWard'sの10ベストエンジンに途切れることなく選ばれ続けてきた。これは、このエンジンの素性がいかに優れてい

VR38エンジンは横浜工場2地区のHRエンジン組立ラインの奥につくられた専用スペースで組み立てられている。

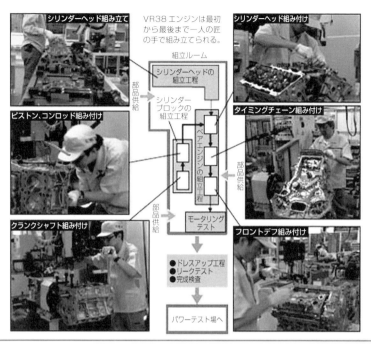

たかを示しているといえよう。

　それは当初の企画・設計時に社内からその存在意義を問われ、悩み、考え抜いて基本性能を磨き抜いたからである。産みの苦しみに耐え抜いたからこそ、VQエンジンはここまで完成度を高められたことは第5章でみてきたとおりである。

　しかし、すべての日産のエンジンがこのような経緯をたどって設計されているわけではない。日産の他のエンジンは一度もWard's社の10ベストエンジンに選ばれていないことで、それを垣間見ることができる。日産の歴代のエンジンで優れたエンジンを挙げるとすれば4気筒ではCAエンジン、6気筒ではRBエンジンとVQエンジンであろう。これらのエンジンに共通しているのとは、取り立てて新しい技術を投入しているわけではないが、基本に忠実に設計されており、内燃機関としての完成度が高い点で、これが日産エンジン設計の基本姿勢といえるであろう。

　自動車が発明された19世紀末にアメリカで石油の採掘に成功して格安にガソリンを使えるようになり、短期間で馬車による移動は自動車による移動に駆逐されてしまった。そのガソリンや軽油を燃料とする内燃機関を使った自動車も、バッテリーとモーターを使ったBEV（電気自動車）や内燃機関と電動モーターをハイブリッドに搭載するHEVなどにその地位を脅かされている。現時点ではBEV、ハイブリッド、水素燃料（燃

212

料電池車、水素燃料の内燃機）、e-fuelなど様々な方式が開発されており、まだどの方式が最終的な覇権を取るのかはわからない。走行時にCO_2を排出しないBEVは地球温暖化対策の決定打であるといわれて、欧州では2035年までに内燃機関は禁止される（新車のCO_2排出量ゼロ）法案が可決された。まさに内燃機関が存続の危機に瀕していたわけであるが、最近では大分と風向きが変わってきている。

　CO_2排出量は走行時だけではなく、LCA（Life Cycle Assessment：車両の生産時から走行、廃車まで）で見るべきであるとか、カーボンニュートラルであるe-fuelを使うなら内燃機関を復活させるとかいい出している。いずれにせよ、そんなに急激にBEVにシフトするほどの優位性はないし、肝心のユーザーが納得しない。民主主義の世界では、合理的な説明もなく、政府が無理やり国民に不合理な法律を押し付けても、結局は多数決の原理でひっくり返されるものである。

　そもそも補助金なしでは経営が成り立たないBEVを普及させるのは無理がある。補助金というのは税金であり、いつまでも続けることはできない。経済的合理性の前には、どんな理想論も机上の空論に過ぎない。

日産 V型6気筒エンジン主要諸元

エンジン名（発売年）	排気量(cc)	ボア×ストローク(mm)	バルブ形式	バルブ挟み角(°)	圧縮比	デッキ高さ(mm)	最高出力 kW(ps)/rpm	最大トルク Nm(kg-m)/rpm	エンジン重量(kg)	FF/FR	搭載車両	備考
VG20E(1983)	1998	78.0×69.7	2V-SOHC	50.0	9.5	203.45	96(130)/6000*	172(17.5)/4400*	159	FR	Y30 セドリック/グロリア	
VG20ET(1984)	↑	↑	↑	↑	8.0	↑	85(115)/6000	161(16.4)/3600	156	FF	U11 ブルーバード	
VG20E(1986)	↑	↑	↑	↑	9.5	↑	85(115)/6000	163(16.6)/3200	159	FR	F31 レパード	
VG20E(1986)	↑	↑	↑	↑	↑	↑	92(125)/6000	167(17.0)/3200	158	↑	Y31 セドリック/グロリア	
VG20ET(1983)	↑	↑	↑	↑	8.0	↑	125(170)/6000*	216(22.0)/4000*	173	↑	Y30 セドリック/グロリア	ターボ
VG20ET(1985)	↑	↑	↑	↑	↑	↑	132(180)/6000*	221(22.5)/4000*	177	↑		ジェットターボ
VG20ET(1986)	↑	↑	↑	↑	↑	↑	110(150)/5600	206(21.0)/3600	177/171	↑	C31 ローレル	ターボ
VG20ET(1986)	↑	↑	↑	↑	↑	↑	114(155)/5600	209(21.3)/3100	179	↑		ジェットターボ
VG20DET(1987)	↑	↑	4V-DOHC	46.0	8.5	↑	136(185)/6800	216(22.0)/4800	221	↑	Y30 セドリック/グロリア	ターボ
VG20DET(1988)	↑	↑	↑	↑	↑	↑	154(210)/6800	265(27.0)/3600	↑	↑	F31 レパード	ターボIC
VG20P(2004)	↑	↑	2V-SOHC	50.0	9.5	↑	77(105)/6000	152(15.5)/2400		↑	Y31 セドリック/グロリア	
VG20P(2005)	↑	↑	↑	↑	↑	↑	73(99)/5600	149(15.3)/2400		↑		
VG30S( )	2960	87.0×83.0	2V-SOHC	↑	↑	227.65	109(148)/4800	234(23.9)/3600		↑	Y31 セドリック (輸出)	
VG30i(1987)	↑	↑	↑	↑	↑	↑	103(140)/4800	226(23.0)/2800		↑	D21 テラノ	
VG30ET(1983)	↑	↑	↑	↑	9.0	↑	132(180)/5200*	260(26.5)/4000*	174/168	↑	Y30 セドリック/グロリア	ターボ
VG30E(1987)	↑	↑	↑	↑	↑	↑	118(160)/5200	248(25.3)/3200	170	↑	Y31 セドリック/グロリア	
VG30E(1988)	↑	↑	↑	↑	↑	↑	118(160)/5200	248(25.3)/3200	175	FF	J30 マキシマ	
VG30DE(1988)	↑	↑	4V-DOHC	46.0	10.0	↑	114(155)/5200	245(25.0)/3200	173	FR	E24 キャラバン/ホーミー	
VG30DE(1989)	↑	↑	↑	↑	↑	↑	114(155)/4800	248(25.3)/4000	190	↑	D21 テラノ	
VG30E(1993)	↑	↑	↑	↑	10.5	↑	110(150)/4800	236(24.1)/4400		FF	V40 クエスト	
VG30DET(1983)	↑	↑	↑	↑	7.8	↑	169(230)/5200*	333(34.0)/3600*	190	FR	Z31 フェアレディZ	ターボ
VG30ET(1986)	↑	↑	↑	↑	8.3	↑	143(195)/5200	309(31.5)/3200	↑	↑	Z31	ターボ
VG30ET(1987)	↑	↑	↑	↑	↑	↑	143(195)/5200	294(30.0)/3200	191	↑	Y31 セドリック/グロリア	ターボ
VG30DE(1986)	↑	↑	4V-DOHC	46.0	↑	↑	136(185)/6000	245(25.0)/4400	214	↑	F31 レパード	NVCS(20deg)-Int
VG30DE(1986)	↑	↑	↑	↑	↑	↑	140(190)/6000	250(25.5)/4400	213	↑	Z31	
VG30DE(1988)	↑	↑	↑	↑	↑	↑	147(200)/6000	260(26.5)/4400	214	↑	Z32	
VG30DE(1989)	↑	↑	↑	↑	10.5	↑	169(230)/6400	273(27.8)/4800	230	↑	Z32 フェアレディZ	
VG30DET(1988)	↑	↑	↑	↑	8.5	↑	188(255)/6000	343(35.0)/3200	229	↑	FY31 シーマ	ターボ, NVCS(20deg)-Int
VG30DETT(1989)	↑	↑	↑	↑	8.9	↑	206(280)/6400	388(39.6)/3600	245	↑	Z32	2ターボIC, NVCS(20deg)-Int
VG33E(1995)	3275	91.5×83.0	2V-SOHC	50.0	↑	↑	125(170)/4800	266(27.1)/2800	190	↑	R50 テラノ	
VG33ER(2001)	↑	87.0×83.0	4V-DOHC	30.0	10.0	↑	154(210)/4800	334(34.1)/2800		↑	D22 パスファインダー	スーパーチャージャー
VE30DE(1991)	2960	87.0×83.0	4V-DOHC	30.0	10.0	↑	143(195)/5600	261(26.6)/4000	210	FF	マキシマ	NVCS(20deg)-Int

エンジン名（発売年）	排気量 (cc)	ボア×ストローク (mm)	バルブ形式	バルブ挟み角(°)	圧縮比	デッキ高さ (mm)	最高出力 (kW(ps)/rpm)	最大トルク (Nm(kg-m)/rpm)	エンジン重量(kg)	FF/FR	搭載車両	備考
VQ20DE(1994)	1995	76.0×73.3	4V-DOHC	27.7	9.5	215	114(155)/6400	186(19.0)/4400	157	FF	A32 セフィーロ	VTCなし
VQ20DE(1998)	←	←	←	←	←	←	117(160)/6400	196(20.0)/4400	←	←	A33 セフィーロ	VTCなし
VQ20DE(2001)	←	←	←	←	9.5	←	110(150)/6400	186(19.0)/4400	←	←	J31 ティアナ	VTCなし
VQ23DE(2003)	2349	85.0×69.0	←	←	9.8	←	127(173)/6000	225(22.9)/4400	159	←	J31 ティアナ	VTCなし
VQ25DE(1994)	2495	85.0×73.3	←	←	10.0	←	140(190)/6400	235(24.0)/4000		FR	A32 セフィーロ	VTCなし
VQ25DE(1997)	←	←	←	←	10.3	←	154(210)/6400	255(27.0)/4400		←	Y33 エルグランド/グロリア	CVTC(35deg)
VQ25DE(2004)	←	←	←	←	9.8	←	136(185)/6000	232(23.7)/3200		←	E51 エルグランド	VTCなし
VQ25DE(2008)	←	←	←	←	←	←	136(185)/6000	232(23.7)/4400		FF	J32 ティアナ	VTCなし
VQ25DD(1998)	←	←	←	←	11.0	←	154(210)/6400	265(27.0)/4400		FR	A33 セフィーロ	CVTC(40deg)
VQ25DD(1999)	←	←	←	←	←	←	154(210)/6400	265(27.0)/4400		←	Y34 セドリック/グロリア	CVTC(40deg)
VQ25DD(2001)	←	←	←	←	←	←	158(215)/6400	270(27.5)/4400		←	V35 スカイライン	eCVTC(35deg)
VQ25DET(2001)	←	←	←	←	8.5	←	206(280)/6400	406(41.5)/3200		FR-4WD	M35 ステージア	ターボ, eCVTC(35deg)
VQ30DE(1994)	2987	93.0×73.3	←	←	10.0	←	162(220)/6400	280(28.5)/4400	161/163	FF/FR	A32/Y33 セフィーロ、セドリック/グロリア	VTCなし
VQ30DD(1997)	←	←	←	←	11.0	←	169(230)/6400	294(30.0)/4000		FR	Y33 セドリック/グロリア	CVTC(40deg)
VQ30DD(1999)	←	←	←	←	←	←	177(240)/6400	309(31.5)/3600		←	Y34 セドリック/グロリア	eCVTC(35deg)
VQ30DD(2001)	←	←	←	←	←	←	191(260)/6400	324(33.0)/4800		←	V35 スカイライン	VTCなし
VQ30DET(1995)	←	←	←	←	9.0	←	199(270)/6000	368(37.5)/3600	169(AT)	←	Y33 セドリック/グロリア	ターボ, VTCなし
VQ30DET(1999)	←	←	←	←	←	←	206(280)/6000	387(39.5)/3600		←	Y34 セドリック/グロリア	ターボ, VTCなし
VQ35DE(2000)	3498	95.5×81.4	←	←	10.0	←	177(240)/6000	353(36.0)/4800		←	E50 エルグランド	VTCなし
VQ35DE(2002)	←	←	←	←	10.3	←	200(272)/6000	353(36.0)/4800		←	V35 スカイライン	CVTC(35deg)
VQ35DE(2002)	←	←	←	←	←	←	206(280)/6200	363(37.0)/4800		←	Z33 フェアレディZ	CVTC(35deg)
VQ35DE(2005)	←	←	←	←	←	←	216(294)/6400	363(37.0)/4800		←	Z33 フェアレディZ	CVTC-eVTC**
VQ35DE(2003)	←	←	←	←	←	←	170(231)/5600	333(34.0)/2800		FF	J31 ティアナ	VTCなし
VQ35DE(2003)	←	←	←	←	←	←	202(275)/6200	363(37.0)/4800		FR	FX35	北米仕様
VQ40DE(2005)	3954	95.5×92.0	←	←	9.7	234.05	201(273)/5600	395(40.3)/4000		←	フロンティア	
VQ25HR(2006)	2495	85.0×73.3	←	←	10.3	215	165(225)/6800	263(26.8)/4800	155(AT)	←	V36 スカイライン	CVTC+eCVTC**
VQ25HR(2007)	←	←	←	←	←	←	164(223)/6800	263(26.8)/4800		←	Y50 フーガ	
VQ35HR(2006)	3498	95.5×81.4	←	←	10.6	223.4	232(315)/6800	358(36.5)/4800	187/167	←	V36 スカイライン	CVTC+eCVTC**
VQ35HR(2007)	←	←	←	←	←	←	230(313)/6800	358(36.5)/4800		←	Z33 フェアレディZ	
VQ37VHR(2007)	3696	95.5×86.0	←	←	11.0	←	245(333)/7000	363(37.0)/4800	200/180	←	CV36 スカイラインクーペ	int VEL+CVTC
VQ37VHR(2011)	←	←	←	←	←	←	261(355)/7400	374(38.1)/5200		←	Z34 フェアレディZ	
VR38DETT(2007)	3799	95.5×88.4	←	←	9.0	←	353(480)/6400	588(60.0)/3200-5200		FR-4WD	R35 GT-R	2ターボIC

*・グロス表示
**・Int CVTC-Exh eVTC(CVTC) 35-35deg。
CVTC…従来ON-OFF2段階であった吸気バルブタイミングを連続的に制御可能とした（油圧制御）作動角はクランク角で20deg
eVTC…磁力を使った機構で作動角一定の未排気カム位相を連続的に任意の位置に制御 変換角はクランク角0～35deg

参考文献

『モーターファンイラストレーテッド』三栄書房
『自動車工学』鉄道工学社
『国産エンジンデータブック』内燃機関別冊　山海堂
『日産技報』日産自動車
『日産自動車新車解説書・整備書』
『自動車技術』自動車社技術会
『高性能エンジンとは何か』石田宜之著　グランプリ出版
『R32スカイラインGT-Rレース仕様車の技術開発』石田宜之・山洞博司著　グランプリ出版
『エンジン技術の過去・現在・未来』瀬名智和著　グランプリ出版
『自動車用エンジン半世紀の記録』GP企画センター編　グランプリ出版
『クルマの新技術用語・エンジン・動力編』瀬名智和著　グランプリ出版
『パワーユニットの現在・未来』熊野学著　グランプリ出版
『自動車メカ入門・エンジン編』GP企画センター編　グランプリ出版
日産自動車広報資料、三菱自動車広報資料、トヨタ自動車広報資料ほか

〈著者紹介〉

石田宜之(いしだ・よしゆき)

1953年東京都生まれ。

東京大学工学部産業機械工学科卒業。

1976年日産自動車株式会社入社。エンジン設計部配属、量産エンジンの設計に携わる。Naps-Z、L型6気筒エンジン軽量化、CAエンジン開発、VGエンジン本体部品設計、RBエンジン開発、DOHCエンジンコンセプト立案、RB26DETTエンジン開発、VQエンジン開発などを担当。

1992年から追浜スポーツエンジン開発室へ異動してレース用エンジンの開発に携わる。2年後にスポーツ車両開発室へ異動し、レース車両の開発に携わる。ルマン24時間レース用V12気筒VRTエンジン、P35車両開発（北米NPTI社にて）、ツーリングカーレース用エンジン開発、国内及び海外レースの現地サポートを担当。

1997年ニスモに出向。1998年にR390GT1でルマン24時間レースに参戦、総合3位入賞。

2002年よりフランスルノー社に出向。現地でオートマチックトランスミッションの開発をルノーのエンジニア、日本のエンジニアと協力して実施。

2006年に帰国し、JATCOに出向。新しいオートマチックトランスミッションの企画、技術の標準化などを担当。2013年JATCOを退社。

2013年東風部品会社に入社。2015年東風汽車技術センター入社。2016年同社を退社。

著書に『高性能エンジンとは何か』『R32スカイラインGT-R レース仕様車の技術開発』（グランプリ出版）などがある。

日産V型6気筒エンジンの進化

著　者	石田宜之
発行者	山田国光

発行所	株式会社**グランプリ**出版
	〒101-0051　東京都千代田区神田神保町1-32
	電話 03-3295-0005(代)　FAX 03-3291-4418
	振替 00160-2-14691

印刷・製本	モリモト印刷株式会社